GIUSEPPE ALBANO

IL METODO ANTISISMICO™

Come Auto-Valutare La Resistenza Strutturale Di Un Immobile Anche Se Non Sei Del Settore e Non Vivi In Zona Sismica

Titolo

"IL METODO ANTISISMICO™"

Autore

Giuseppe Albano

Editore

Bruno Editore

Sito internet

http://www.brunoeditore.it

Sommario

"Nessun effetto è in natura senza cagione,
intendi la ragione e non ti abbisognerà l'esperienza".
Leonardo da Vinci

"Il desiderio ottiene l'impossibile".
Og Mandino

"Aggiusta ciò che ti succede dentro
e riuscirai a cambiare la tua vita per sempre".
Jim Rohn

"Ieri hai costruito l'oggi,
oggi stai costruendo il domani.
Tutto dipende da te!"
Giuseppe Albano

Prefazione

Con la lettura di questo libro avrai la possibilità unica di determinare da solo, indipendentemente dal fatto che tu sia o meno un tecnico, se l'appartamento in cui vivi, posto all'interno di un edificio, possa o meno considerarsi sicuro sia dal punto di vista strutturale sia da quello sismico.

Ho ideato un metodo, Il Metodo Antisismico, che attraverso il Protocollo ti consentirà avere l'Etichetta Soglia Attenzione Sismica (o Statica) con la quale potrai immediatamente capire se l'immobile può effettivamente definirsi strutturalmente idoneo oppure no.

Questa metodologia ti aiuterà non solo a valutare meglio un eventuale investimento finalizzato ad acquistare la casa dei tuoi sogni, ma anche a farti avere voce in capitolo nelle assemblee condominiali, nel caso in cui si debba o meno prendere decisioni legate alla sicurezza della tua famiglia.

Troppe sono state le morti bianche dovute a fabbricati che cadono per dissesti in corso, per scosse sismiche di lieve entità o per negligenze legate alle progettazioni o alle fasi costruttive ed esecutive.

Nel 2019 non è più ammissibile non conoscere le condizioni statiche del fabbricato in cui si passa la maggior parte della vita. Non è più concepibile non avere piena conoscenza dell'investimento immobiliare fatto o da compiersi.

Questo libro vuole essere un aiuto pratico ed importantissimo per darti la possibilità, mai messa a disposizione da nessuno, di conoscere tutto sull'immobile di tuo interesse.

Settembre 2019

Dott. Ing. Giuseppe Albano

Introduzione

Era il 15 settembre del 2016 e mi trovavo a Torino presso un'azienda per risolvere delle problematiche di natura strutturale, legate quindi alla verifica statica e sismica delle strutture portanti, inerenti a un fabbricato realizzato in legno lamellare.

Ricordo benissimo il momento esatto in cui ricevetti una telefonata da un collega ingegnere – ma non ho mai saputo la sua specializzazione – della città di Norcia.

Aveva trovato i miei contatti su Google digitando chiavi di ricerca relative al Calcolo strutturale. Mi ha raccontato cosa era successo durante l'evento sismico del 24 agosto 2016 e di quanto la sua città aveva subito.

Mi chiedeva di dargli una mano nella fase successiva di verifica della stabilità degli immobili e fissammo, in quella telefonata, l'incontro.

Era il 30 settembre dello stesso anno e mi recai con tutta la mia famiglia a Norcia. Andammo in giro con il collega per la città e vidi lo sconforto causato da quella prima scossa del 24 agosto.

I danni non erano molto importanti, seppure vistosamente presenti. Raggiungemmo lo studio del collega e lo stesso fabbricato, recuperato successivamente al sisma del 1997, aveva resistito molto bene alle azioni telluriche del 24 agosto.

La conoscenza fu molto cordiale a tal punto che andammo, con la sua famiglia, a pranzare a un ristorante molto carino. Rimanemmo di intesa che avremmo unito le nostre forze al fine di progettare un piano di azione per recuperare, per quanto possibile, gli immobili dei proprietari che avessero incaricato il collega.

Era domenica, 30 ottobre del 2016, ore 7.40. Quasi pronti per partire, per recarci a passare qualche giorno nella città di Siena.

Il nostro fabbricato, da me progettato e costruito, inizia a scuotersi, il divano su cui ero poggiato sobbalza e mi sposta, la piccola Sara sul water urla dicendo chi stesse facendo tutto quel baccano, Pier Giuseppe e Rebecca, su in mansarda, scappano freneticamente verso di noi, mia moglie urla pronunciando due parole: "Pino, il terremoto!".

Attimi di terrore puro. Attimi di forti emozioni generanti sensazioni di nullità e impotenza.

Zona epicentrale Norcia, magnitudo pari a 6.5. Terremoto fortissimo che dall'Italia centrale arrivò sino in Puglia e in particolare a Lucera, città ove risiedo.

Il collega di Norcia era distrutto. Emotivamente provato. Il suo studio inagibile. Il suo appartamento inagibile. Il ristorante, in cui avevamo beatamente pranzato, distrutto. La città subì fortissimi danni, ancora oggi assolutamente visibili.

Nel mese di ottobre 2016 in Italia ci sono state ben 35 scosse sismiche con magnitudo superiore a 4. L'Italia centrale ha subito una delle più importanti ferite mai indotte da un terremoto.

In qualità di consulente, autore e relatore in ingegneria strutturale e antisismica ho scritto molto, questo libro è la 47ª pubblicazione (tra libri cartacei, ebook e articoli a tiratura nazionale).

In quest'opera ti trasmetterò quanto sarà necessario al fine di capire cosa è bene sapere e cosa è importante fare per conoscere l'Etichetta Soglia Attenzione sismica™ e/o Etichetta Capacità sismica™.

Due strumenti portanti per il Metodo antisismico™ che ti chiariranno una volta per tutte cosa si deve sapere e cosa bisogna fare prima di acquistare la casa in cui trascorrerai la maggior parte del tuo tempo con la tua famiglia. Risponderò alle seguenti domande:

Perché un terremoto piega e distrugge paesi interi?
Come puoi sapere se il tuo fabbricato è sicuro?
Come fare per riconoscere un tecnico specializzato in strutture?
Come puoi diagnosticare le strutture del tuo fabbricato?
Come riconoscere la qualità muraria del tuo immobile?
Come individuare i parametri statici e antisismici?
Come fare prevenzione sismica?

Come accedere a fondi statali per la verifica sismica del tuo fabbricato?

Capitolo 1
La consapevolezza del rischio sismico

1.1. L'Italia è tutta sismica.

Uno degli aspetti particolari della nostra penisola è quello della sismicità. Il nostro bel Paese è un territorio sismico.

Il legislatore italiano è ancora in fase di crescita di consapevolezza del rischio sismico, infatti la classificazione sismica è stata incrementata di anno in anno.

Occorre ricordare che le distanze geologiche sul nostro pianeta sono solamente dei costrutti mentali da noi auspicati al fine di considerare diverse zone italiane immuni dalla pericolosità sismica.

Ma, in effetti, ammettere che il Gargano è pericoloso e la penisola Salentina non lo è, secondo il parere dello scrivente, potrebbe essere controproducente soprattutto con l'evoluzione della zonazione sismica che tende sempre a incrementare i comuni ricadenti in zone telluriche.

Al fine di dimostrare l'assunto si consegnano diverse classificazioni sismiche nel corso degli ultimi trent'anni circa:

- Figura 1.1 – Classificazione sismica del 1984.
- Figura 1.2 – Classificazione sismica del 1998.
- Figura 1.3 – Zonazione sismica del 2003.
- Figura 1.4 – Zonazione sismica con variazioni regionali del 2004.
- Figura 1.5 – Classificazione sismica del 2015.

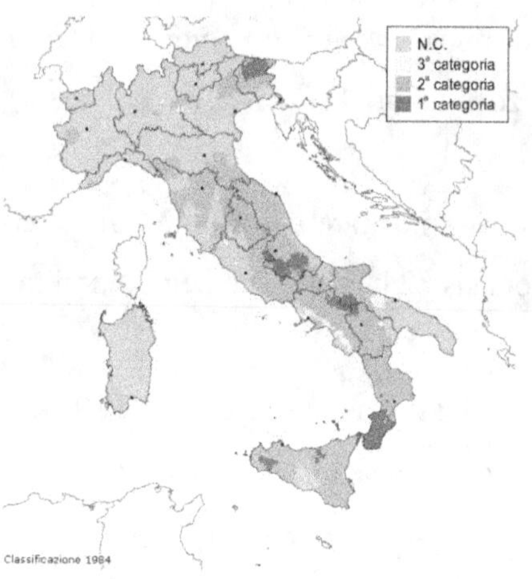

Figura 1.1   Classificazione sismica del 1984.

Nella Figura 1.1 si vede come il Nord Italia fosse considerato praticamente non sismico.

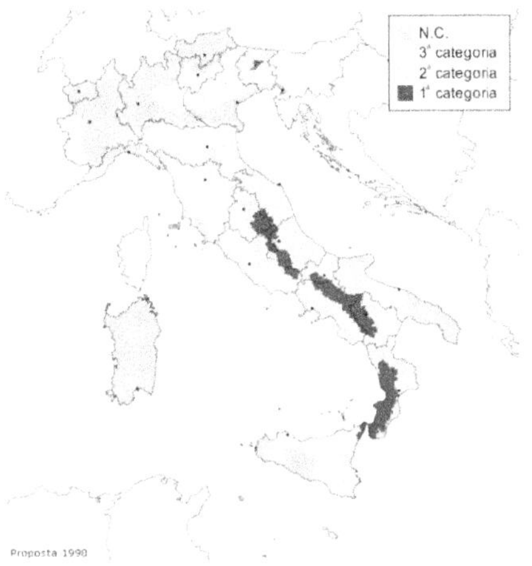

Figura 1.2 – Proposta di riclassificazione sismica del 1998.

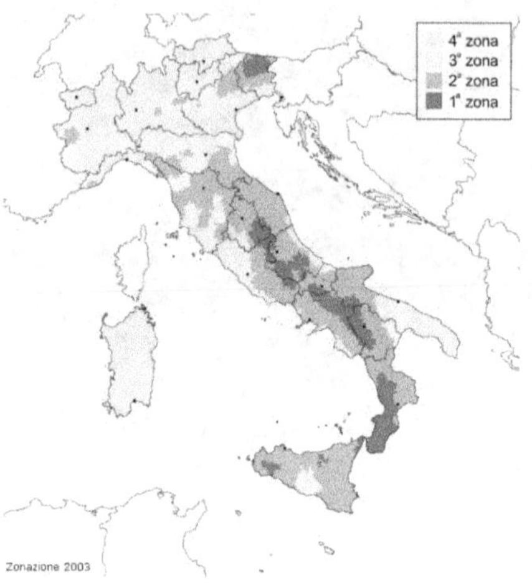

Figura 1.3 – Zonazione sismica del 2003.

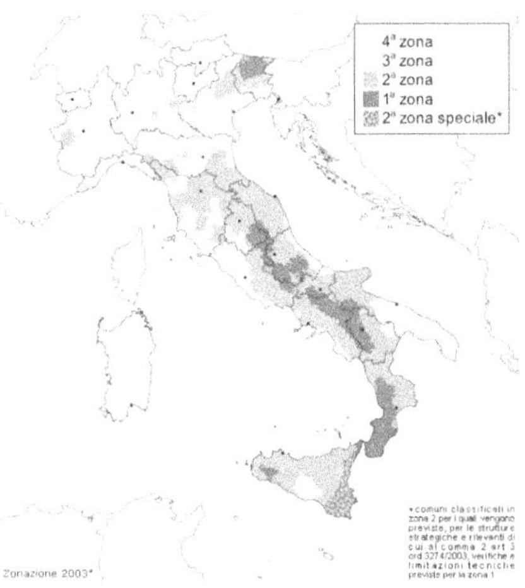

Figura 1.4 – Mappa sismica con variazioni regionali del 2004.

Dopo il terremoto di San Giuliano del 31 ottobre 2002, quando morirono molti ragazzi di una scolaresca per il cedimento di un solaio di un fabbricato da poco ristrutturato, lo Stato italiano intervenne pesantemente sulla sismicità italiana. Infatti, sono palesi le diversità di colorazioni tra la Figura 1.3 del 2003 e la Figura 1.2 del 1998.

Infine, la Figura 1.5 consegna la Classificazione sismica del 2015 a opera del dipartimento della Protezione civile. Zonazione ancora in uso incrementata da studi di microzonazione territoriale a opera di strutture della protezione civile locali.

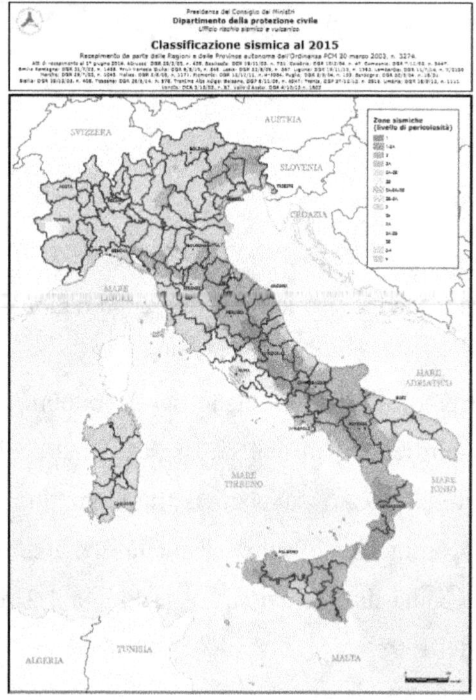

Figura 1.5 – Classificazione sismica del 2015.

In tale ultima figura è possibile verificare come in Italia non esistano zone non sismiche. Al più esistono zone a maggiore intensità sismica, ma tutto il territorio italiano è stato definito pericoloso. Le cosiddette "zone 4" a bassa sismicità hanno comunque un'accelerazione sismica pari al 5% dell'accelerazione di gravità.

Al solo fine di chiudere il presente primo pilastro della consapevolezza del rischio sismico, elenco alcuni dati. Terremoti avvenuti negli ultimi novanta giorni in Italia:

- Con magnitudo maggiore di 3: 30 (Figura 1.6).
- Con magnitudo maggiore di 2: 417 (Figura 1.7).

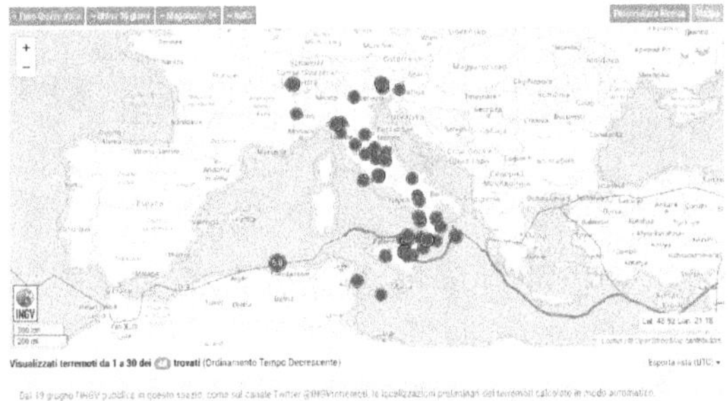

Figura 1.6 – Terremoti in Italia negli ultimi 90giorni con magnitudo >di 3.

Recentemente, nel gennaio 2019, il dipartimento della Protezione civile ha provveduto a redigere nuova classificazione sismica aggiornata al 31 gennaio 2019. Una particolarità è la possibilità di ingrandire, con la combinazione dei tasti control+scroll, per intensificare la precisione con cui l'Italia è stata suddivisa in zone sismiche.

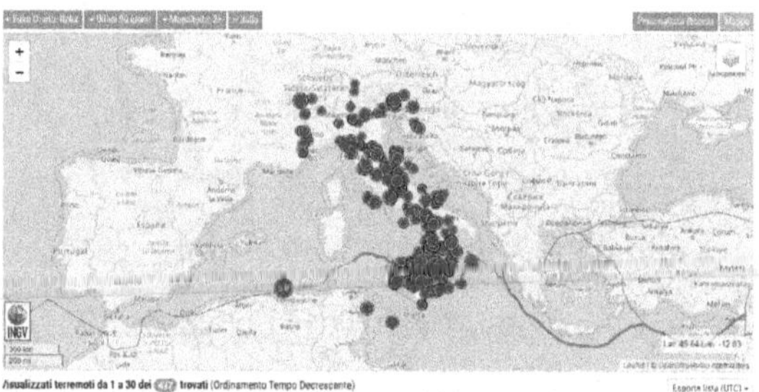

Figura 1.7 – Terremoti in Italia negli ultimi 90 giorni con magnitudo >di 2.

1.2. Grado di sicurezza di un fabbricato.

All'indomani del terremoto dell'Aquila del 6 aprile del 2009 ero sconcertato, non sapevo cosa fare, non ero in grado né di pensare né di piangere. Mi sentivo inutile ed esterrefatto dalla situazione creata da un evento sismico. Come era mai possibile, in Italia, che un terremoto potesse falciare tante anime?

Foto 1.1 – Prefettura dell'Aquila post sisma.

Nel dicembre del 2008 iniziarono una serie di eventi sismici terminati poi nel 2012. Gli epicentri erano diffusi nell'intera area della città, nella conca aquilana e in parte della provincia dell'Aquila (bassa valle dell'Aterno, monti della Laga e monti dell'Alto Aterno).

La scossa principale si verificò il 6 aprile del 2009 alle ore 3.32, sviluppante una magnitudo momento pari a 6.3 con epicentro in località Colle Miruci, a Roio, nella zona compresa tra le frazioni di Roio Colle, Genzano e Collefracido, interessando una buona parte di tutta l'Italia centrale.

Ci furono 309 vittime, più di 1600 feriti e oltre 10 miliardi di euro di danni.

Ho voluto essere più preciso nel ricordo del terremoto dell'Aquila perché quella mattina la mia carriera professionale, e la mia coscienza, cambiarono completamente.

Sentivo dentro di me la necessità di dare un contributo all'intero comparto edilizio e in particolare ai tecnici ingegneri, architetti o geometri.

Avevo capito che era arrivato il momento di tirare fuori qualcosa che potesse essere utile a evitare un'altra simile strage.

In un Paese che vanta i migliori ingegneri del mondo non è

possibile che ci siano disastri del genere. Siamo stati i primi a ad analizzare dal 1992 documenti europei di studio, denominati Env, relativi agli Eurocodici non ancora in pubblicazione, all'epoca.

Uomini come Nervi, Marro, De Bernardi, Migliacci, Biasioli, Vallini, Mancini, Lancellotta, Jamiolkowski, De Stefano, Gavarini avevano curato la mia formazione accademica e avevano gettato le basi dell'antisismica non solo in Italia.

Nonostante l'imponente matrice universitaria italiana, accadono ancora disastri che altrove, come in America, Giappone e Cina, non possono mai verificarsi per sismi di magnitudo 6.3.

Come potevo dare il mio contributo? In Programmazione neuro linguistica si dice che a grandi domande seguono grandi risposte.

Scrissi un articolo su Facebook in cui gettai le basi all'attuale *Il Metodo antisismico*™. In pratica ero convinto che bastasse copiare quanto era già stato fatto nel campo dell'efficientamento energetico anche nel mondo della sicurezza sismica.

Sarebbe stato sufficiente determinare la capacità sismica di ogni fabbricato sottoposto a manutenzione ordinaria e straordinaria, sottoposto a cambio di destinazione d'uso, sottoposto a successione, sottoposto a vendita o affitto.

Sarebbe bastato solo questo per rendere edotta tutta la popolazione italiana sul fabbricato che si va a occupare. Ma, l'articolo continuava. Sarebbe bastato semplicemente inserire sotto ogni numero civico una sigla: C.S. = Numero.

Un numero che esprimesse in termini di accelerazione di picco al suolo quale fosse la massima resistenza del fabbricato in oggetto. Molto semplice, talmente semplice che molti lo definirono geniale.

Noi sappiamo, anche oggi, quanta energia elettrica consuma il nostro ferro da stiro, la nostra lavastoviglie, il nostro asciugacapelli, la lavatrice, ma ignoriamo a quale magnitudo potrebbe crollare il fabbricato che abbiamo pagato un milione di euro.

Da quel post del 6 aprile del 2009 sino al 28 febbraio 2017 il legislatore italiano non fece nulla relativamente a quanto da me asserito. Finalmente, però, nella succitata data vengono pubblicate linee guida per la Classificazione del Rischio sismico delle costruzioni.

Procedura mal copiata e peggio applicata. Infatti, le procedure introdotte per la definizione della classe di rischio di un fabbricato sono essenzialmente 2. Semplificata e convenzionale. La seconda è buona cosa, ma la prima è una metodologia errata che molto spesso si discosta dalla più precisa convenzionale.

1.3. Perché i centri storici sono vulnerabili.
Un altro aspetto della consapevolezza del rischio sismico è legato ai danni indotti alle strutture dai terremoti.

Ho chiamato tale indagine "Terremoto come Laboratorio" proprio con l'intenzione di inculcare spirito di osservazione di fronte a danni rilevabili non solo dal vivo, ma anche da rilievi fotografici recuperabili navigando in rete.

Sicuramente avrai potuto notare che i principali danni durante un terremoto si concentrano nei centri storici delle nostre città. Spesso si sente dire, da gente non del settore ingegneristico, che le strutture in muratura antiche e storiche sono indistruttibili proprio perché sono in piedi da secoli.

La realtà è molto diversa in quanto esistono dei seri motivi per cui le strutture in muratura antiche non sono assolutamente indistruttibili.

Il fondamentale motivo della vulnerabilità di opere in muratura storica, ma anche moderna, è da ricercarsi nella seconda legge della dinamica di Newton applicata alla sismica delle costruzioni. Ricorderai che l'espressione fondamentale della legge è:

$$\boxed{F = m \cdot a}$$

L'enunciato afferma che le forze di inerzia applicate a un corpo sono determinate dal prodotto della massa del corpo per l'accelerazione a cui è sottoposta la massa.

Questa relazione è di fondamentale importanza per la sismica, infatti da essa scaturiscono le equazioni del moto sismico che eviterò di consegnarti in questa trattazione.

Occorre semplicemente capire che a parità di accelerazione sismica, l'accelerazione di picco al suolo esercitante durante un sisma, la forza di inerzia F (quella spostante i fabbricati e tutti gli oggetti all'interno di essi) aumenta con l'aumentare della massa in moto.

Da questa banale osservazione scaturisce la prima consapevolezza: più un fabbricato è costituito da elementi e membrature "massicce", con elevata massa, più esso sarà sottoposto ad azioni sismiche. All'aumentare delle azioni sismiche aumenteranno gli spostamenti, i movimenti oscillatori, e con essi i danni occorsi sulle strutture portanti.

Questo è il fondamentale motivo per cui i centri storici italiani, e non solo, sono altamente vulnerabili alle azioni telluriche.

Il secondo motivo dell'elevata vulnerabilità del costruito storico possiamo ritrovarlo nella vetustà dei materiali costituenti. A tal proposito mi piace fare paragoni con il comparto medico e più in generale con il corpo umano.

Con il passare degli anni di età sappiamo benissimo che il nostro organismo tende a ridurre drasticamente la resistenza, ad esempio, alla corsa o a elevati sforzi fisici. Il motivo è da ricercare nell'invecchiamento dell'apparato muscolare, dell'apparato scheletrico e di tutto il resto.

Le strutture hanno un comportamento molto similare. I materiali costituenti la muratura portante di ogni fabbricato, malte, laterizi, pietre, tendono a invecchiare e, quindi, a ridurre le resistenze meccaniche risalenti al tempo di costruzione. Soprattutto le malte, con i secoli, tendono a polverizzarsi e a ridurre drasticamente la resistenza a trazione e a flessione delle costituenti pareti murarie.

Sempre sulla consapevolezza della vulnerabilità, bisogna sottolineare la scarsissima resistenza a trazione e flessione delle murature che costituiscono i nostri fabbricati del centro storico.

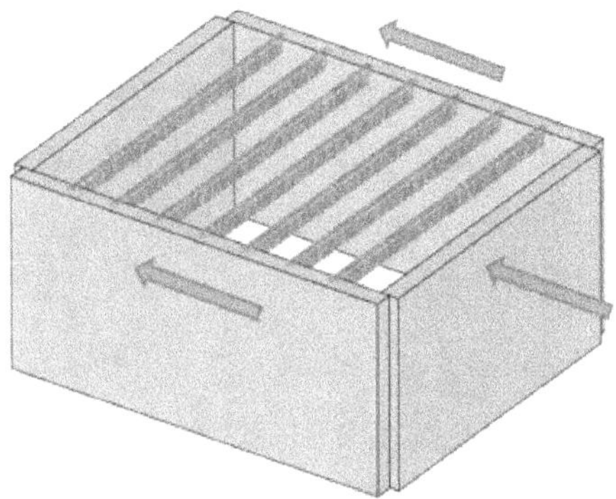

Figura 1.8 – Modalità di resistenza al sisma.

Fai riferimento alla Figura 1.8. Durante un sisma possiamo immaginare, al fine di intuire il comportamento delle pareti, delle forze agenti nella direzione principale del terremoto, indicata. La struttura schematizzata ha solo 2 possibilità per poter resistere al sisma.

Quella offerta dalle pareti disposte parallelamente alle forze di inerzia e la resistenza offerta dalle altre 2 murature perpendicolari alla direzione di azione.

Le pareti perpendicolari al sisma non possono offrire molta

resistenza, in quanto il modulo di resistenza della sezione opponente, data in prima approssimazione dal prodotto della base per l'altezza al cubo e diviso 12 e tralasciando di considerare l'effettivo contributo al sisma offerto dalla rigidezza delle pareti, è piuttosto esiguo.

Valore basso se viene paragonato con il modulo di resistenza della singola parete disposta parallelamente alla direzione del sisma. Facciamo un semplice esempio al fine di intuire il comportamento della semplicissima struttura raffigurata sopra.

Le dimensioni in pianta del fabbricato sono: 400 cm x 400 cm. Lo spessore delle pareti è di 40 cm.

Modulo di resistenza delle pareti perpendicolari al sisma:

$$2 \cdot \frac{400 \cdot 40^3}{12} = 4.266.667 \; cm^4$$

Modulo di resistenza delle pareti parallele al sisma:

$$2 \cdot \frac{40 \cdot 400^3}{12} = 426.666.667 \; cm^4$$

Valori molto diversi tra di loro.

Ovviamente mi scuso con te se sei un collega o un esperto in ingegneria strutturale, in quanto non ho considerato l'effettivo contributo della rigidezza globale delle pareti che resistono al sisma e, in effetti, ho tralasciato il discorso della ripartizione delle forze sismiche in funzione delle rigidezze degli elementi strutturali e della loro posizione rispetto al baricentro delle rigidezze.

Le modalità che offrono le strutture in muratura di resistenza al sisma sono essenzialmente due. Nel piano della muratura e fuori dal piano della muratura. In teoria occorre anche aggiungere una terza modalità: resistenza a taglio.

Per le pareti perpendicolari al sisma possono attivarsi meccanismi detti di I (primo) modo, chiamati "fuori piano", come rappresentato nella Figura 1.9. Per le pareti parallele alla direzione del sisma possono attivarsi meccanismi di II modo o "nel piano" di cui alla Figura 1.10.

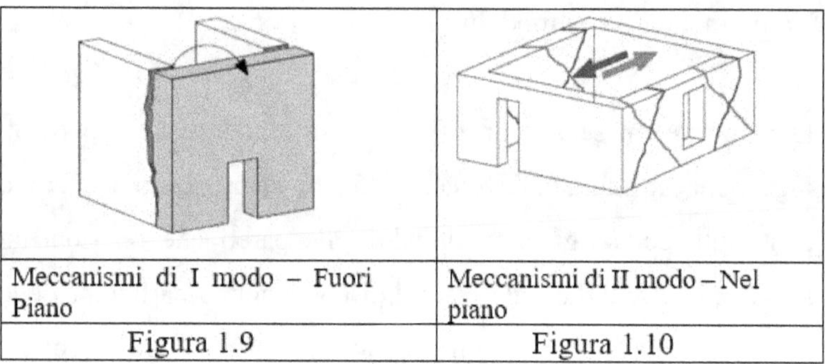

Meccanismi di I modo – Fuori Piano	Meccanismi di II modo – Nel piano
Figura 1.9	Figura 1.10

Tutto il discorso di trasferimento dell'azione sismica alle pareti sopra menzionato è vero solo e soltanto se esiste un'efficace cucitura tra le pareti parallele e ortogonali alla direzione del sisma e, soprattutto, tra il solaio e le pareti che lo sorreggono.

Spesso, infatti, abbiamo avuto modo di constatare l'inefficacia della continuità strutturale tra gli elementi costituenti l'edificio strutturale. Mentre le strutture nuove, in acciaio o in legno, sono dotate di tale continuità strutturale (elementi orizzontali e verticali perfettamente allacciati), le opere in muratura mancano di tale requisito fondamentale.

Fabbricati in muratura sono, nel corso della loro vita, soggetti a molte trasformazioni realizzate con tecniche non valide e con materiali non idonei tali da non garantire l'ammorsamento con le strutture esistenti.

Queste scarsità di connessioni creano, durante un sisma sicuramente, ma anche sotto carichi di natura statica, collassi parziali inducenti, il più delle volte, a collassi generalizzati.

Noi ingegneri strutturisti utilizziamo nella nostra professione software di calcolo molto complessi che riescono a darci tantissime indicazioni relativamente al comportamento globale dell'edificio storico in muratura (ma anche nuovo in cemento armato, legno o acciaio).

Tali software si basano su un metodo definito agli elementi finiti. Non posso trattare tale parte dell'ingegneria strutturale, ma a sommi capi posso dire che le murature vengono discretizzate in tantissimi conci (piccoli elementi) rettangolari, quadrati o triangolari ai vertici dei quali è possibile andare a leggere dei risultati tensionali.

Tale approccio molto matematico, più che ingegneristico, non tiene conto, ovviamente, del grado di interconnessione tra vecchi materiali e nuovi materiali. Oppure non può prendere in considerazione se le pareti tra di esse o i solai con le pareti sono effettivamente ben collegate o meno.

Da tale approccio prettamente matematico possono aversi risultati eccellenti soltanto se si ha contezza dei gradi di connessioni esistenti. L'approccio più intuitivo di calcolo consiste nel considerare dei macroelementi di muratura che per dimensioni e forma reagiscono autonomamente al sisma. Si considerano le varie pareti dell'edificio come discretizzate in macroelementi con comportamento monolitico composte da muratura di buona qualità.

Seguendo il discorso logico ingegneristico, la risposta strutturale della muratura è offerta dai suoi macroelementi e il loro comportamento durante l'azione tellurica definisce i cosiddetti meccanismi di danno verificabili e sicuramente scongiurabili attraverso progettazione adeguata degli stessi.

RIEPILOGO DEL CAPITOLO 1

- SEGRETO n. 1: l'Italia è un territorio totalmente sismico.

- SEGRETO n. 2: negli ultimi novanta giorni a partire dal 23 agosto 2019 ci sono stati 417 terremoti in Italia con magnitudo superiore a 2 e 30 con magnitudo superiore a 3.

- SEGRETO n. 3: è possibile inserire al di sotto di un numero civico il grado di sicurezza di un fabbricato al fine di conoscere il rischio strutturale di quell'immobile.

- SEGRETO n. 4: le strutture antiche non sono indistruttibili.

- SEGRETO n. 5: le forze sismiche dipendono dalla massa in moto. Più una struttura è massiccia più le forze sismiche sono elevate.

- SEGRETO n. 6: le strutture invecchiano e con esse anche le resistenze dei materiali.

- SEGRETO n. 7: le pareti perpendicolari al sisma non offrono resistenza appropriata al sisma. L'ammorsamento tra pareti e quello tra pareti e solaio relativo è importantissimo per il trasferimento delle forze sismiche dalle murature perpendicolari al sisma a quelle resistenti parallele allo stesso.

Spero vivamente che quanto scritto, sinora, possa esserti stato utile. Se hai delle perplessità o dei dubbi, puoi contattarmi direttamente alla seguente mail: g.albano@calcolostrutture.com.

Clicca su www.calcolostrutture.com/guida per scaricare il primo percorso guidato scritto in excel per auto-valutare la sicurezza dell'immobile in cui vivi anche se non sei del settore.

Lascia una recensione su Amazon in modo che il libro possa essere utile ad altre persone.

SPECIALISTI IN ANTISISMICA PER PROFESSIONISTI

Via Faà di Bruno 10 20137 MILANO
tel. 02 37 920 957
www.calcolostrutture.com
info@calcolostrutture.com

Capitolo 2

Come valutare la qualità muraria

2.1. Premessa.

In questo paragrafo conoscerai una metodologia che ti permetterà di prevedere il comportamento strutturale delle costruzioni in muratura esistenti.

Potrai da solo valutare la sicurezza del fabbricato murario in cui vivi o sul quale desideri avere informazioni circa la resistenza sia statica sia, soprattutto, sismica.

Questa metodologia è stata studiata per molti anni dai professori Borri e De Maria.

Ovviamente in questa trattazione non potrò mettere a disposizione la tematica dal punto di vista accademico, ma avrai tutte le informazioni necessarie per stabilire la Qualità meccanica muraria influenzante, più di ogni altro parametro, il comportamento strutturale generale di un edificio in muratura.

Conoscerai un metodo denominato dell'Indice di qualità muraria (Iqm) consistente nella determinazione delle caratteristiche meccaniche e fisiche necessarie per verificare il rispetto della cosiddetta Regola dell'arte di costruzione delle murature tramandate di generazione in generazione e giunte fino ai nostri giorni.

Per essere ancora più espliciti, riuscirai, attraverso l'Iqm, a trovare una connessione importantissima tra la Qualità muraria e i parametri meccanici (resistenza a taglio e a sforzo normale) ottenuti da prove sperimentali.

Parametri indispensabili per ogni progettista strutturista al fine di conoscere le resistenze al di là delle quali le murature non possono resistere. Nei miei corsi di Strutture in muratura trasferisco quanto necessario per trovare un collegamento diretto tra la Regola del costruire e il Comportamento strutturale attraverso un valore numerico compreso tra 0 e 10.

In questa trattazione, a tiratura orizzontale, non ci spingeremo soltanto a definire tali valori numerici, tra 0 e 10, ma faremo qualcosa di diverso. Si illustreranno alcuni semplici criteri per definire la *presenza*, la *presenza parziale* o l'*assenza* dei parametri della Regola dell'arte e in particolare:

NR: Non Rispetto della Regola dell'arte

PR: Parziale Rispetto della Regola dell'arte

R: Rispetto della Regola dell'arte.

2.2. Cosa si intende per "Regola dell'arte".

La "Regola dell'arte" è l'insieme di tutti quegli accorgimenti costruttivi che, se eseguiti durante la costruzione di un muro, ne garantiscono il buon comportamento e ne assicurano la compattezza e il monolitismo.

Essa deriva da una pratica costruttiva millenaria e dall'osservazione diretta del comportamento delle murature sia in fase statica che sotto sisma ed è codificata nei manuali di epoca antica e premoderna.

Per ogni tipologia muraria si individuano tre diversi valori:

IQM_V per azioni verticali

IQM_{FP} per azioni orizzontali "fuori piano"

IQM_{NP} per azioni orizzontali "nel piano".

Per azioni verticali si intendono i carichi derivanti dal peso proprio (di travi, pilastri, murature portanti e solai) dai permanenti non strutturali (pavimenti, intonaci, rivestimenti, tramezzature). Per azioni orizzontali si intendono le forze di inerzia generate dal sisma.

Sarai in grado di definire se la muratura in oggetto fa parte della Categoria A, Categoria B o Categoria C con i rispettivi comportamenti, a carichi verticali e orizzontali, come da tabella.

Muratura	Comportamento strutturale
Categoria A	Buono
Categoria B	Medio
Categoria C	Scarso

Tabella 2.1 – Categorie e comportamento strutturale.

Analizzeremo, adesso, i parametri necessari per la definizione dell'Indice di Qualità muraria e, di conseguenza, per la Regola dell'arte secondo quando stabilito da Antonio Borri e Alessandro De Maria.

2.2.1. *Malta di buona qualità / efficace contatto fra elementi / zeppe.*

Questo requisito, necessario per trasmettere e ripartire le azioni fra le pietre in maniera uniforme e per portare in modo uniforme le forze fino al terreno, si ottiene o per contatto diretto fra elementi squadrati (ad esempio *opus quadratum*) o tramite la malta (è questa la maggior parte dei casi) o, per muri irregolari con malta degradata, grazie a pietre di dimensioni minori inserite nei giunti, le cosiddette "zeppe".

La malta oltre a regolarizzare il contatto tra le pietre, se di buona qualità, assicura una certa resistenza di natura coesiva alla muratura e tale contributo può diventare importante se mancano gli altri parametri della Regola dell'arte in grado di garantire la monoliticità del muro.

Foto 2.1 – Esempio di malta NR: Non Rispetto Regola dell'arte.

2.2.2. Ingranamento trasversale / presenza di diatoni.

Questo requisito impedisce la suddivisione di una parete che ha più paramenti costruiti addossati l'uno all'altro e, inoltre, permette la distribuzione del carico su tutto lo spessore del muro anche in quei casi in cui c'è un carico gravante solo su una parte della sezione (ad esempio, un solaio appoggiato soltanto sul bordo interno).

Il requisito può essere soddisfatto grazie ai diatoni, ossia pietre disposte trasversalmente che attraversano tutto (o quasi) lo spessore della parete.

Ugualmente efficaci sono legature con elementi laterizi o di pietra non completamente passanti ma in grado di interessare gran parte dello spessore della parete e ingranati fra loro (semidiatoni).

I diatoni sono elementi trasversali che possono o meno passare totalmente la sezione della muratura. Garantiscono la monoliticità trasversale della parete come esemplificato dalla Figura 2.1.

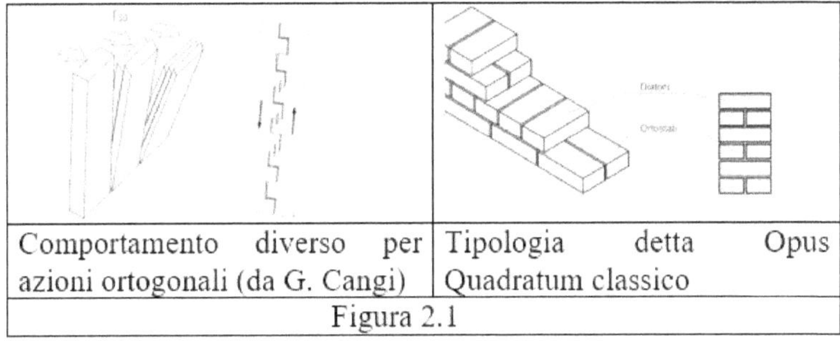

Comportamento diverso per azioni ortogonali (da G. Cangi)	Tipologia detta Opus Quadratum classico
Figura 2.1	

Riprendendo il discorso del modulo di resistenza di prima è palese intuire che i mattoni di Figura 2.1 offrono maggiore resistenza nella direzione di maggiore lunghezza.

Se il sisma ha la direzione parallela allo sviluppo in pianta della muratura, gli elementi "ortostati" indicati hanno migliore comportamento rispetto ai "diatoni". Al contrario, qualora il sisma reagisse nella direzione perpendicolare allo sviluppo in pianta della parete, darebbero migliore resistenza i diatoni.

Ricordando ancora che le murature offrono appieno il loro contributo se sollecitate con azione sismica parallela (vedi la Figura 1.6) al loro orientamento, si parla di azioni nel piano, è ovvio che sono molto importanti i diatoni che rendono auspicabilmente migliore la resistenza trasversale.

Alla fine se ne deduce che per avere un comportamento monolitico, le pareti murarie devono possedere diatoni trasversali, anche in numero non elevato, ma posti in punti nevralgici.

2.2.3. Elementi resistenti di forma squadrata.

La presenza di facce orizzontali sufficientemente piane assicura la mobilitazione delle forze d'attrito, cui si deve gran parte della capacità di una parete di resistere a sollecitazioni orizzontali a essa complanari.

Infatti, l'attrito si mobilita principalmente sotto l'effetto della forza peso della muratura sovrastante la superficie di scorrimento. È intuitivo che l'attrito si massimizza per le superfici di scorrimento ortogonali alla forza peso, dunque per superfici di scorrimento orizzontali.

Elementi costituenti le murature che si allontanano dalla forma squadrata riducono il trasferimento delle forze di attrito mobilitanti essenzialmente per contatto di superfici. All'aumentare delle superfici di contatto aumenta tale trasferimento di carichi.

La presenza di pietre o ciottolame arrotondato definisce intrinsecamente l'instabilità muraria contrastabile soltanto dalla malta, sperando che sia di buona qualità.

2.2.4. Elementi resistenti di grande dimensione.

Rispetto allo spessore del muro assicurano, come i diatoni, un buon grado di monoliticità della parete. Inoltre, proprio in virtù della loro grande dimensione, si tratta di elementi di notevole peso.

Figura 2.2 – Distribuzione con elementi di grandi dimensioni.

Si ricordano le costruzioni romane. Esse erano realizzate con grossi blocchi proprio per il concetto sopra esposto. Più i blocchi sono grandi e più la parete tende al comportamento monolitico.

Il carico verticale concentrato viene meglio distribuito alla base della parete allorquando le dimensioni dei blocchi sono maggiori. Pietre di piccole dimensioni è sinonimo di scarsa qualità meccanica delle murature portanti.

2.2.5. Sfalsamento fra i giunti verticali.

Tale condizione, insieme alla forma squadrata delle pietre, permette il cosiddetto "effetto catena" che fornisce una ("pseudo") resistenza a trazione alla muratura.

Inoltre, anche se le pietre non sono squadrate, se si hanno giunti regolarmente sfalsati si mobilita un'altra grande risorsa resistente delle murature: l'ingranamento nel piano della parete fra gli elementi resistenti (detto anche "effetto incastro").

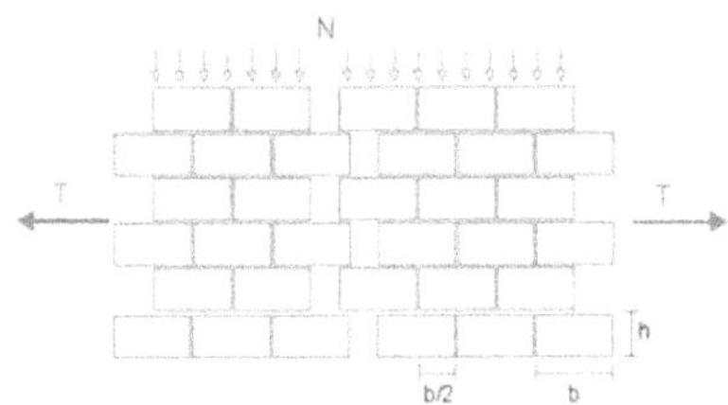

Figura 2.3 – Effetto catena nelle murature
(disegni di G. Cangi).

Le murature non hanno resistenza a trazione come le strutture in conglomerato cementizio armato, in acciaio o in legno. Non avendo tale requisito fondamentale in zona sismica, lo sfalsamento dei giunti tende a darne una piccola entità sfatando problemi di dissesti per flessione fuori piano o taglio, almeno nel caso di non forti terremoti. Lo sfalsamento dei giunti genera un aumento della superficie dei blocchi sottoposta all'attrito.

Foto 2.2 - Giunti NR:
non rispetto regola arte

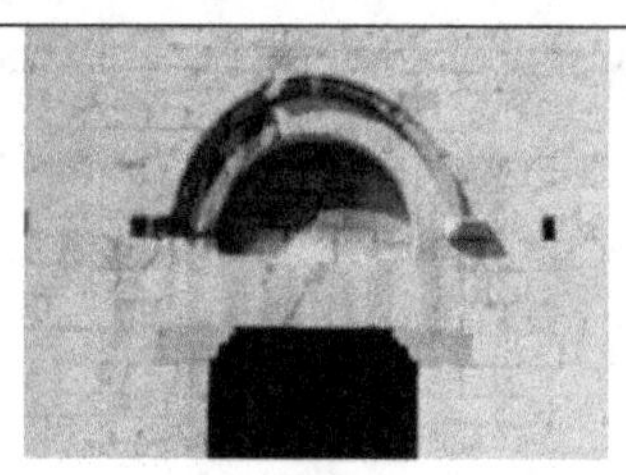

Foto 2.3 - Giunti R:
rispetto regola arte

2.2.6. Presenza di filari orizzontali.

Tale requisito induce una buona distribuzione dei carichi verticali in quanto si ottiene un vincolo di appoggio regolare.

L'orizzontalità dei filari assume particolare importanza in occasione delle azioni sismiche, poiché essa consente un'oscillazione ciclica attorno a cerniere cilindriche orizzontali, che può avvenire senza danneggiare la muratura.

Per gli stessi motivi sono importanti quelle listature (ricorsi orizzontali in mattoni con interasse periodico) inserite a regolarizzare le murature in pietrame o ciottoli.

I filari orizzontali garantiscono un migliore appoggio regolare tra gli elementi costituenti e una migliore distribuzione dei carichi verticali.

2.2.7. Resistenza degli elementi.

Questo requisito tende a evitare situazioni di intrinseca debolezza degli elementi murari: si pensi ai mattoni di fango che si utilizzano in certe zone del mondo o, per rimanere in Italia, i laterizi non cotti che si ritrovano in molti edifici rurali dell'Emilia-Romagna.

Situazioni analoghe si possono avere per laterizi forati con percentuale di vuoti elevata o per elementi degradati, ad esempio per umidità o per esposizione alle intemperie.

È semplice la verifica della resistenza degli elementi. La pietra è resistente. I laterizi, se con bassa percentuale di vuoti, sono resistenti. Elementi in tufo non sono da considerarsi molto resistenti.

Quando al tocco gli elementi tendono a sbriciolarsi o polverizzarsi, la resistenza è compromessa. Esistono prove a compressione per verificare la resistenza degli elementi costituenti murature portanti.

2.3. Iqm – Esempi pratici.

In questa sezione si faranno degli esempi concreti di definizione dei 7 parametri definenti la Regola dell'arte. La mappa mentale seguente sintetizza i parametri sopra analizzati.

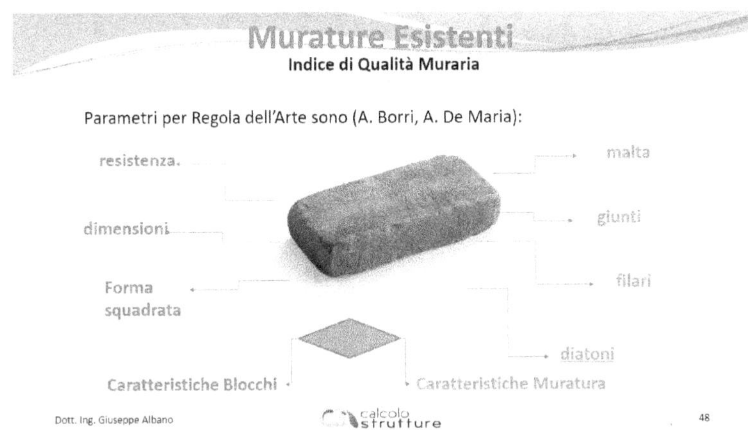

Figura 2.4 – Mappa mentale parametri Iqm.

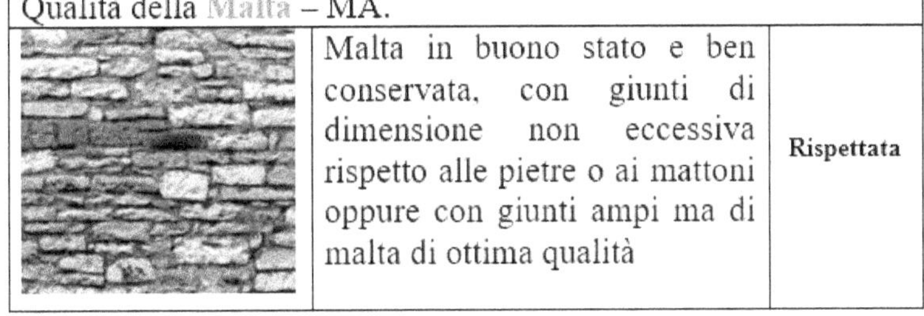

Qualità della Malta – MA.		
	Malta in buono stato e ben conservata, con giunti di dimensione non eccessiva rispetto alle pietre o ai mattoni oppure con giunti ampi ma di malta di ottima qualità	Rispettata

Qualità della Malta – MA.		
	Malta assente. Giunti di malta di dimensioni eccessive, paragonabili a quelle degli elementi. Malta scadente o degradata e senza coesione	**Non Rispettata**

Qualità della Malta – MA.		
	Malta di qualità intermedia, con giunti non eccessivamente erosi. Murature con elementi irregolari e malta degradata ma con zeppe efficacemente inserite negli spazi fra gli elementi	**Parzial.te Rispettata**

Dimensioni degli elementi – D.EL.		
	Blocchi di dimensioni superiori a 40 cm. Blocchi talmente importanti da interessare, spesso, l'intero spessore della muratura. Possono svolgere anche funzione di diatoni.	**Rispettata**

Dimensioni degli elementi – D.EL.		
	Blocchi di dimensioni maggiore tra 20 e 40 cm. Si intravedo elementi di taglia inferiore che potrebbero svolgere funzione di diatoni.	**Parzial.te Rispettata**

Dimensioni degli elementi – D.EL.		
	Muratura caotica fatta con elementi di vario tipo e dimensioni. Frequenti sono le pietre piccole all'interno della muratura. Forme molto irregolari e dimenioni medio piccole.	**Non Rispettata**

Forma degli elementi resistenti – F.EL.		
	Muratura realizzata con blocchi di tufi molto regolari, squadrati. Tipologia costruttiva abbastanza recente.	**Rispettata**

Forma degli elementi resistenti – F.EL.		
	Muratura realizzata con elementi sbozzati di varie forme e dimensioni anche molto divese tra di loro. Tessitura non regolare.	**Parzial.te Rispettata**

Forma degli elementi resistenti – F.EL.		
	Muratura costituita da blocchi di pietra squadrata. Paramento interno con elevata presenza di ciottoli e scaglie di pietra disposte in maniera casuale con interposti detriti di piccoli dimensioni.	Non Rispettata
Presenza di diatoni – P.D.		
	Pietra perfettamente squadrata e lavorata. La presenza dei diatoni è possibile verificarla con la regolare presenza di elementi di forma superficiale quadrata denotanti l'infilaggio trasversale all'interno.	Rispettata
Presenza di diatoni – P.D.		
	Grossi ciottoli spaccati nel mezzo e posti con lato fratturato frontalmente al muro. Non sono visibile diatoni o elementi tali da lasciare immaginare posizioni similari agli stessi.	Non Rispettata

Sfalsamento fra i giunti verticali S.G.		
	Sono evidenti giunti verticali sfalsati soprattutto nella parte centrale dell'elemento inferiore. Resta comunque un buon grado di incatenamento tra file superiori ed inferiori.	Rispettata
Sfalsamento fra i giunti verticali S.G.		
	Sono presenti giunti verticali posizionati nelle zone intermedie dei filari successivi e giunti, invece, in corrispondenza dei bordi successivi.	Parzial.te Rispettata
Sfalsamento fra i giunti verticali S.G.		
	I giunti sono allineati verticalmente su due o più elementi appartenenti a filari successivi.	Non Rispettata
Presenza di filari orizzontali OR.		
	Gli allineamenti tracciati sulla foto evidenziano molti filari. Presenti su ogni orditura orizzontale. Non sono evidenti soluzioni di continuità per tratti superiori al metro.	Rispettata

Presenza di filari orizzontali OR.		
	Filari orizzontali non sempre presenti sulla parete. Inoltre, sarà considerato com parzialmente rispettata anche la situazione in cui tali filari orizzontali occupano solo una faccia della parete.	Parzial.te Rispettata
Presenza di filari orizzontali OR.		
	Tutti i tratti orizzontali sono interrotti da pietre continue. Sono evidenti sfalsamenti sull'intera faccia muraria.	Non Rispettata
Resistenza elementi – RE.EL.		
	È possibile denotare la qualità degli elementi costituenti la muratura. Pietre non degradate senza presenza di scagliature o elementi testimonianti stato di vetustà della muratura.	Rispettata
Resistenza elementi – RE.EL.		
	Elementi della muratura degradati e costituiti da pietra in tufo tenero, calcarenite. Poco resistenti agli sforzi di compressione.	Parzial.te Rispettata

Resistenza elementi – RE.EL.		
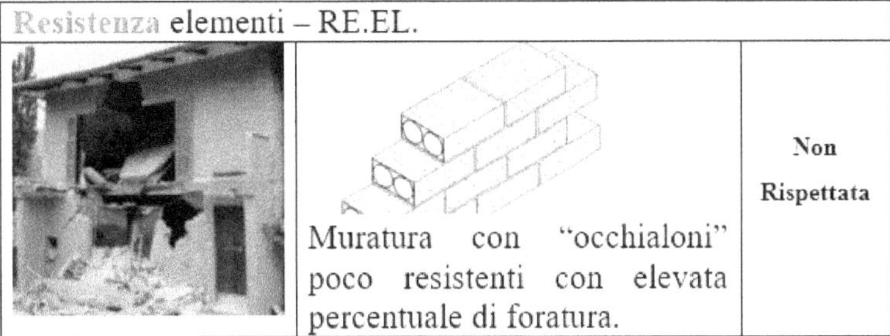	Muratura con "occhialoni" poco resistenti con elevata percentuale di foratura.	Non Rispettata

2.3.1. Sintesi dei parametri della Regola dell'arte.

Nel seguito inseriremo delle tabelle sintetizzanti i criteri di giudizio dei parametri della Regola dell'arte.

Per ogni parametro sopra analizzato potrai avere delle importanti informazioni che ti aiuteranno nella fase successiva di attribuzione dei punteggi ai parametri. Tali tabelle sono tratte direttamente dalla documentazione fornita dal professor Antonio Borri, ideatore e studioso del sistema.

Forma degli elementi resistenti – F.EL.	
NR	Prevalenza di elementi di forma irregolare o arrotondata oppure ciottoli su entrambe le facce della parete.
PR	Compresenza di elementi irregolari o ciottoli e blocchi di forma squadrata o mattoni. Pareti con una faccia di blocchi di forma regolare o mattoni e l'altra faccia di ciottoli od elementi di forma irregolare. Elementi arrotondati o irregolari ma con interstizi riempiti di zeppe ben inserite.
R	Prevalenza di elementi di forma squadrata o sbozzata oppure mattoni o laterizi di forma parallelepipeda su entrambe le facce della parete.

Tabella 2.2 – Forma elementi.

Presenza di diatoni – P.D.	
Sezione muraria non visibile. Osservazione facce parete e saggi interni.	
NR	Pietre piccole rispetto allo spessore del muro; assenza di pietre palesemente disposte in senso trasversale alla parete ("di testa").
PR	Paramento ben tessuto ed ordinato almeno su una faccia; alcune pietre sono disposte "di testa"; spessore del muro non eccessivo rispetto alle dimensioni delle pietre.
R	Paramento ben tessuto; blocchi o pietre di dimensione paragonabile a quella dello spessore della parete; presenza sistematica di pietre disposte "di testa".

Tabella 2.3 – Diatoni.

	Presenza di filari orizzontali OR.
NR	I tratti orizzontali sono interrotti o con evidenti sfalsamenti sull'intera facciata muraria.
	Situazioni intermedie fra il rispetto e il non rispetto, compresoil caso di filari orizzontali solo su una faccia della parete.
R	Filari orizzontali su gran parte della parete, senza presentare interruzioni di continuità (per tratti lunghi circa 100 cm) e su entrambe le facce della parete. Murature listate con listature a interasse inferiore a 100 cm.

Tabella 2.4 – Filari.

	Resistenza elementi – RE.EL.
NR	Elementi degradati (> 50% del totale degli elementi). Elementi laterizi con percentuale di foratura > 70%. Mattoni in fango o argilla non cotta.
	Elementi della muratura degradati (~ fra 10% e 50% del totale degli elementi). Elementi laterizi con foratura fra 70% e 55%. Elementi in tufo tenero (calcarenite).
R	Pietre non degradate o poco degradate. Muratura con pochi elementi degradati (< 10%). Mattoni pieni cotti. Elementi di tufo duro (vulcanico). Elementi laterizi con foratura < 55%. Blocchi in calcestruzzo (anche forati).

Tabella 2.5 – Resistenza elementi.

Dimensioni degli elementi – D.EL.	
NR	Prevalenza di elementi con la loro dimensione maggiore sotto i 20 cm. Parete di soli diatoni in mattoni pieni.
PR	Prevalenza di elementi con la loro dimensione maggiore fra 20 e 40 cm. Compresenza di elementi di dimensione variabile.
R	Prevalenza di elementi con la loro dimensione maggiore sopra i 40 cm.

Tabella 2.6 – Dimensioni elementi.

Sfalsamento fra i giunti verticali – S.G.	
NR	Giunti verticali allineati. Giunti allineati verticalmente su due o più elementi in ampie porzioni della parete. Parete di soli diatoni di mattoni pieni, anche con giunti verticali sfalsati. Evidente assenza d'ingranamento su una o più linee verticali della parete.
PR	Giunto verticale in posizione intermedia tra zona centrale dell'elemento inferiore e il suo bordo.
R	Giunti verticali in corrispondenza della zona centrale dell'elemento inferiore (escluso il caso di parete in mattoni pieni disposti solo a diatoni).

Tabella 2.7 – Giunti.

Qualità della Malta – MA.	
NR	Malta scadente o degradata e polverulenta e del tutto priva di coesione. Malta assente (escluso caso previsto sotto in "R").
PR	Malta di qualità intermedia, con giunti non eccessivamente erosi. Murature con elementi irregolari e malta degradata ma con zeppe efficacemente inserite negli spazi fra elementi.
R	Malta in buono stato e ben conservata, con giunti di dimensione non eccessiva rispetto alle pietre o ai mattoni o con giunti ampi e malta di ottima qualità. Muratura con grandi elementi squadrati e priva di malta o con strato di malta sottilissimo. In tal caso si intende "rispettato" il requisito di un efficace contatto fra le pietre.

Tabella 2.8 – Malta.

Nelle tabelle seguenti sono indicati i punteggi da attribuire a ognuno dei parametri sopra indicati della Regola dell'arte.

Essi sono in funzione del rispetto, parziale rispetto o non rispetto della Regola dell'arte di costruire, e sono in funzione del tipo di azione sollecitante presa in considerazione, rispettivamente Tabella 2.9 per azione verticale, Tabella 2.10 per azione ortogonale al piano della parete (pressoflessione fuori piano) e Tabella 2.11 azione orizzontale complanare alla parete (presso flessione nel piano).

Sigla	Descrizione	IQM verticale		
		NR	PR	R
OR.	Orizzontalità filari	0	1	2
P.D.	Presenza diatoni	0	1	1
F.EL.	Forma elementi	0	1.5	3
S.G.	Sfalsamento giunti	0	0.5	1
D.EL.	Dimensione elementi	0	0.5	1
MA.	Qualità della malta	0	0.5	2
RE.EL.	Resistenza elementi	0.3	0.7	1

Tabella 2.9 – Punteggi per parametri Iqm verticale.

Sigla	Descrizione	IQM fuori piano		
		NR	PR	R
OR.	Orizzontalità filari	0	1	2
P.D.	Presenza diatoni	0	1.5	3
F.EL.	Forma elementi	0	1	2
S.G.	Sfalsamento giunti	0	0.5	1
D.EL.	Dimensione elementi	0	0.5	1
MA.	Qualità della malta	0	0.5	1
RE.EL.	Resistenza elementi	0.5	0.7	1

Tabella 2.10 – Punteggi per parametri Iqm fuori piano.

Sigla	Descrizione	IQM nel piano		
		NR	PR	R
OR.	Orizzontalità filari	0	0.5	1
P.D.	Presenza diatoni	0	1	2
F.EL.	Forma elementi	0	1	2
S.G.	Sfalsamento giunti	0	1	2
D.EL.	Dimensione elementi	0	0.5	1
MA.	Qualità della malta	0	1	2
RE.EL.	Resistenza elementi	0.3	0.7	1

Tabella 2.11 – Punteggi per parametri Iqm nel piano.

Prima di procedere con l'analisi della determinazione dell'Indice di Qualità muraria occorre precisare la distinzione esistente tra murature in mattoni pieni (o blocchi) e murature in pietrame.

Molti studi sperimentali hanno evidenziato che nelle murature in mattoni pieni la resistenza tangenziale media e quella a compressione media nel piano del pannello murario sono molto influenzate dalla qualità della malta costituente. In particolare occorre precisare:

- In alcune tessiture murarie è stata osservata la possibilità di arrivare a rottura senza passare per fenomeni di ingranamento o incastro tra gli elementi costituenti la muratura stessa, a differenza di quanto è stato constatato per murature di pietra.

- In alcune tipologie murarie la malta, seppure di elevata qualità, è molto meno resistente dei blocchi e comunque poco aderente agli stessi. Questo rende la malta un elemento fragile durante i fenomeni fessurativi.

Tali fenomeni non sono stati evidenziati in murature in blocchi di pietra squadrata per i quali la funzione della malta è semplicemente quella di regolarizzazione dell'appoggio fra un elemento e l'altro attiguo.

Ivi prevalgono fenomeni di ingranamento o incastro fra le pietre. Per tenere conto di quanto sopra menzionato, il sistema di Borri prevede l'utilizzo di coefficienti correttivi (r) riducenti adeguatamente i valori di Iqm.

Coefficiente applicabile solamente per murature in mattoni pieni o blocchi di dimensioni e caratteristiche fisiche similari.

2.3.2. Determinazione numerica di Iqm.

I punteggi ottenuti dalle Tabelle 2.9, 2.10 e 2.11 sono inseriti nelle seguenti formule ottenendo un valore globale corrispondente ai tre Iqm (Indice di qualità muraria).

MURATURE IN PIETRAME

$$IQM_V = RE.EL_V \cdot (OR_V + P.D_V + F.EL_V + S.G_V + D.EL_V + MA_V)$$

$$IQM_{FP} = RE.EL_{FP} \cdot (OR_{FP} + P.D_{FP} + F.EL_{FP} + S.G_{FP} + D.EL_{FP} + MA_{FP})$$

$$IQM_{NP} = RE.EL_{NP} \cdot (OR_{NP} + P.D_{NP} + F.EL_{NP} + S.G_{NP} + D.EL_{NP} + MA_{NP})$$

MURATURE IN MATTONI O BLOCCHI EQUIVALENTI

$$IQM_V = r_V \cdot RE.EL_V \cdot (OR_V + P.D_V + F.EL_V + S.G_V + D.EL_V + MA_V)$$

$$IQM_{FP} = r_{FP} \cdot RE.EL_{FP} \cdot (OR_{FP} + P.D_{FP} + F.EL_{FP} + S.G_{FP} + D.EL_{FP} + MA_{FP})$$

$$IQM_{NP} = r_{NP} \cdot RE.EL_{NP} \cdot (OR_{NP} + P.D_{NP} + F.EL_{NP} + S.G_{NP} + D.EL_{NP} + MA_{NP})$$

Il fattore correttivo per murature in mattoni pieni è dato da:

Parametro MA	r_V	r_{FP}	r_{NP}
NR	0,2	1	0,1
PR	0,6	1	0,7
R	1	1	1

Tabella 2.12 – Parametro correttivo MA.

A seconda del valore che si ottiene dei vari Iq, si definiranno delle categorie murarie secondo la tabella seguente:

Categoria Muratura	A	B	C
Azioni Verticali	$5 \leq IQ \leq 10$	$2{,}5 \leq IQ < 5$	$0 \leq IQ < 2{,}5$
Azioni Fuori Piano	$7 \leq IQ \leq 10$	$4 < IQ < 7$	$0 \leq IQ \leq 4$
Azioni Nel Piano	$5 < IQ \leq 10$	$3 < IQ \leq 5$	$0 \leq IQ \leq 3$

Tabella 2.13 – Categoria muratura.

2.3.3. *Esempi di calcolo dell'Iqm.*

In questo paragrafo si consegnano degli esempi concreti di individuazione di Indice di Qualità muraria di murature esistenti.

Come da premessa al capitolo, sapere velocemente a quale categoria può appartenere una muratura, semplicemente e grossolanamente "guardandola", è molto importante per conoscere a priori il comportamento per carichi gravitazionali, statici e sismici, terremoti.

Può essere molto utile per tutti, tecnici e non tecnici, avere a disposizione una celere metodologia che dicesse se è il caso o meno di provvedere ad acquistare quella particolare abitazione o fabbricato in oggetto.

Questo sarà verissimo allorquando vedremo, nel Capitolo 3, "Il Metodo antisismico" grazie al quale saremo in grado di valutare un intero immobile e stabilire se occorre porre attenzione strutturale e/o sismica.

Considerando che le categorie murarie dotate di Iqm sono 3, per semplicità di trattazione, in questa specifica sede, si potrebbe assumere quanto individuabile nella tabella seguente.

Denominazione della Soglia	Colore della Soglia	Descrizione e Consigli
SOGLIA DI ATTENZIONE ROSSA Dal 60% all'80%		Fabbricato non idoneo. Obbligo di VERIFICA SISMICA
SOGLIA DI ATTENZIONE GIALLA Dal 40% all'60%		Fabbricato parzialmente idoneo. Si consiglia
SOGLIA DI ATTENZIONE VERDE Dal 20% all'40%		Fabbricato presumibilmente idoneo. Si consiglia calcolo CAPACITA' SISMICA

Tabella 2.14 – Soglia di attenzione e Categorie murarie.

La Tabella 2.14 è un'anticipazione de "Il Metodo antisismico" – Prima fase. In pratica, possiamo catalogare le Categorie murarie, definite dall'Iqm, direttamente nel prospetto sopra riportato. Per essere ancora più precisi abbiamo quanto segue.

Colore della Soglia	Descrizione e Consigli
CATEGORIA C	Fabbricato non idoneo. Obbligo di VERIFICA SISMICA
CATEGORIA B	Fabbricato parzialmente idoneo. Si consiglia VERIFICA SISMICA
CATEGORIA A	Fabbricato presumibilmente idoneo. Si consiglia calcolo CAPACITA' SISMICA

Tabella 2.15 – Categorie murarie e consigli.

La Tabella 2.15 è una soluzione molto tempestiva per la definizione della cosiddetta Etichetta Soglia attenzione strutturale, di cui al Capitolo 4.

In essa non sono contemplate diverse condizioni importantissime come l'analisi del terremoto di progetto o l'analisi dei parametri statici e antisismici che vedremo nel Capitolo 4.

Se, però, hai necessità di avere una primissima valutazione delle condizioni statiche del fabbricato in cui vivi puoi attenerti alla determinazione dei soli Indici di Qualità muraria. Essi sono uno degli aspetti importanti per la definizione dell'Etichetta Soglia attenzione sismica.

Il comportamento meccanico delle murature, secondo il metodo di Antonio Borri, viene di seguito esposto. Si potrà vedere come si caratterizzano le categorie murarie in base alla tipologia di azione sollecitante.

Per azioni verticali:

- Una muratura di *categoria A* difficilmente subisce lesioni e può essere considerata di buona qualità.

- Una muratura di *categoria B* ha bassa probabilità di collassare ma essa può lesionarsi; può quindi considerarsi di media qualità.

- Una muratura di *categoria C* ha elevata probabilità di subire lesioni o di andare fuori piombo per il fenomeno dell'instabilità, specie se di spessore limitato e se molto caricata e specialmente in corrispondenza di carichi concentrati. In condizioni estreme risulta possibile il collasso. Tale categoria di murature va considerata di scarsa qualità.

Per azioni orizzontali fuori piano:

- Una muratura di *categoria A* è in grado di mantenere un comportamento monolitico. Essa ha una probabilità molto bassa di lesionarsi o di collassare per azioni fuori piano se le pareti sono ben collegate fra loro e ai solai; la muratura di categoria A è da ritenersi di buona qualità. Le verifiche per meccanismi di collasso possono essere svolte ipotizzando un comportamento monolitico delle pareti.

• Una muratura di *categoria B* non è in grado di mantenere un comportamento monolitico ma comunque neanche si disgrega se sottoposta ad azioni orizzontali fuori piano. Per tale categoria di murature è probabile avere lesioni o spanciamenti in caso di sisma, ma è difficile che esse collassino se sono ben collegate agli orizzontamenti e ai muri di spina; tali murature sono di media qualità. Le verifiche per meccanismi di collasso possono essere svolte, in favore di sicurezza, ipotizzando che la muratura sia formata da due paramenti distinti e non efficacemente connessi.

• Una muratura di *categoria C* si disgrega con facilità in caso di sismi severi; in queste situazioni, per essa è molto probabile il collasso, anche in presenza di efficaci collegamenti. *Tali murature sono da ritenersi di scarsa qualità.* Le verifiche per meccanismi di collasso sono sostanzialmente non indicative in quanto non sono rispettate le ipotesi di sufficiente coesione degli elementi murari.

Per azioni orizzontali nel piano:

• Una muratura di *categoria A* ha basse probabilità di lesionarsi; essa può definirsi come una muratura di buona qualità.

• Una muratura di *categoria B*, in caso di sisma, ha buone probabilità di lesionarsi, specialmente se le pareti sono sottili o se sono poche rispetto all'area coperta dall'edificio; tuttavia tali lesioni saranno di scarsa entità; tale categoria definisce le murature di media qualità.

• Una muratura di *categoria C* ha molte probabilità di lesionarsi nel piano delle pareti e le lesioni che subirà saranno ampie; pertanto nella *categoria C* rientrano le murature di scarsa qualità.

Quanto sopra indicato è stato condensato in una tabella. Ritengo che sia molto importante per te avere consapevolezza del rischio che potresti correre allorquando il fabbricato in cui vivi, o che hai intenzione di acquistare, si ritrovi in categoria C.

Categoria Muratura	A	B	C
Azioni Verticali	Una muratura di categoria A difficilmente subisce lesioni e può essere considerata di buona qualità.	Una muratura di categoria B ha bassa probabilità di collassare, ma può lesionarsi; può considerarsi di media qualità.	Una muratura di categoria C ha elevata probabilità di subire lesioni o di andare fuori piano per instabilità, specie se di spessore limitato e se molto caricata, specialmente in corrispondenza di carichi concentrati. Tale categoria di muratura va considerata sempre di scarsa qualità.
Azioni Fuori Piano	Una muratura di categoria A è in grado di mantenere un comportamento monolitico. Essa ha una probabilità bassa di lesionarsi o di collassare per azioni fuori piano, se le pareti sono ben collegate fra loro e ai solai. Le verifiche per meccanismi di collasso possono essere svolte ipotizzando un comportamento monolitico delle pareti.	Una muratura di categoria B non è in grado di mantenere un comportamento monolitico, ma comunque non si disgrega se sottoposta ad azioni orizzontali fuori piano. Per tale categoria di murature è probabile avere lesioni o scardinamenti in caso di sisma, ma è difficile che esse collassino se sono ben collegate agli orizzontamenti ed ai muri di spina. Le verifiche per meccanismi di ribaltamento possono essere svolte, in favore di sicurezza, ipotizzando che la muratura sia formata da due paramenti distinti e non efficacemente connessi.	Una muratura di categoria C tende a disgregarsi in caso di azioni cicliche ripetute (sisma); per essa è molto probabile il collasso, anche in presenza di efficaci collegamenti. Tali murature sono da ritenersi sempre di scarsa qualità. Le verifiche per meccanismi di ribaltamento sono sostanzialmente non indicative, in quanto non sono rispettate le ipotesi di sufficiente coesione degli elementi murari.
Azioni Nel Piano	Una muratura di categoria A ha basse probabilità di lesionarsi; essa può definirsi come una muratura di buona qualità.	Una muratura di categoria B, in caso di sisma, ha buone probabilità di lesionarsi, specialmente se le pareti sono sottili o se sono poche rispetto all'area coperta dall'edificio; tuttavia tali lesioni saranno di scarsa entità; tale categoria definisce le murature di media qualità.	Una muratura di categoria C ha molte probabilità di lesionarsi nel piano delle pareti e le lesioni che subirà saranno ampie; pertanto nella categoria C rientrano le murature di scarsa qualità.

Tabella 2.16 – Comportamento delle categorie murarie di Borri-De Maria.

2.3.3.1. Esempio n. 1.

Riprendiamo la muratura di una foto precedente e calcoliamo i parametri della Regola dell'arte di costruire.

Foto 2.4 – Muratura di pietrame con malta di calce.

I valori numerici sono consegnati tutti insieme nella Tabella 2.17. A sinistra sono raccolti i vari parametri dell'Iqm. Nelle colonne di destra sono riuniti, per ogni Iqm, i valori cerchiati di riferimento per la muratura di Foto 2.4.

	IQM vert.			IQM f.p.			IQM n.p.		
	NR	PR	R	NR	PR	R	NR	PR	R
RESISTENZA degli elementi (**RE.EL**)	0,3	0,7	(1)	0,5	0,7	(1)	0,3	0,7	(1)
DIMENSIONE degli elementi (**D.EL.**)	0	(0,5)	1	0	(0,5)	1	0	(0,5)	1
FORMA degli elementi resistenti (**F.EL.**)	(0)	1,5	3	(0)	1	2	(0)	1	2
Qualità della MALTA (**MA.**)	(0)	0,5	2	(0)	0,5	1	(0)	1	2
Sfalsamento GIUNTI verticali (**S.G.**)	(0)	0,5	1	(0)	0,5	1	(0)	1	2
Orizzontalità dei FILARI (**OR.**)	0	(1)	2	0	(1)	2	0	(0,5)	1
Presenza DIATONI (**P.D.**)	(0)	1	1	(0)	1,5	3	(0)	1	2

Tabella 2.17 – Raccolta parametri Iqm muratura Foto 2.4.

Inserendo tutti i coefficienti cerchiati in Tabella 2.17 nelle formule:

$$IQM_V = RE.EL_V \cdot (OR_V + P.D_V + F.EL_V + S.G_V + D.EL_V + MA_V) = 1.5$$

$$IQM_{FP} = RE.EL_{FP} \cdot (OR_{FP} + P.D_{FP} + F.EL_{FP} + S.G_{FP} + D.EL_{FP} + MA_{FP}) = 1.5$$

$$IQM_{NP} = RE.EL_{NP} \cdot (OR_{NP} + P.D_{NP} + F.EL_{NP} + S.G_{NP} + D.EL_{NP} + MA_{NP}) = 1$$

Con tali valori si entra in Tabella 2.13, ottenendo la 2.18.

Categoria Muratura	A	B	C
Azioni Verticali	$5 \leq IQ \leq 10$	$2,5 \leq IQ < 5$	$0 \leq IQ < 2,5$
Azioni Fuori Piano	$7 \leq IQ \leq 10$	$4 < IQ < 7$	$0 \leq IQ \leq 4$
Azioni Nel Piano	$5 < IQ \leq 10$	$3 < IQ \leq 5$	$0 \leq IQ \leq 3$

Tabella 2.18 – Categorie dell'esempio 1.

Quindi, in definitiva, abbiamo ottenuto:

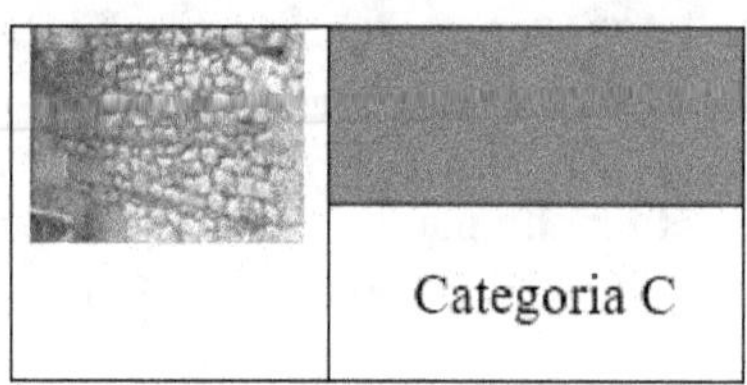

Tabella 2.19 – Categoria muratura di pietrame.

2.3.3.2. Esempio n. 2.

Foto 2.5 – Muratura di mattoni a 2 teste.

	IQM vert.			IQM f.p.			IQM n.p.		
	NR	PR	R	NR	PR	R	NR	PR	R
RESISTENZA degli elementi (**RE.EL**)	0,3	0,7	1	0,5	0,7	1	0,3	0,7	1
DIMENSIONE degli elementi (**D.EL.**)	0	0,5	1	0	0,5	1	0	0,5	1
FORMA degli elementi resistenti (**F.EL.**)	0	1,5	3	0	1	2	0	1	2
Qualità della MALTA (**MA.**)	0	0,5	2	0	0,5	1	0	1	2
Sfalsamento GIUNTI verticali (**S.G.**)	0	0,5	1	0	0,5	1	0	1	2
Orizzontalità dei FILARI (**OR.**)	0	1	2	0	1	2	0	0,5	1
Presenza DIATONI (**P.D.**)	0	1	1	0	1,5	3	0	1	2

Tabella 2.20 – Raccolta parametri Iqm muratura Foto 2.5.

Essendo una muratura in mattoni pieni e non in pietra occorre valutare, come si diceva poc'anzi, il valore del coefficiente correttivo (r). Verificato che in corrispondenza della riga "malta" abbiamo dei valori Parziale Rispetto della Regola dell'arte, la

Tabella precedente 2.12 diventa la 2.22:

Parametro MA	r_V	r_{FP}	r_{NP}
NR	0,2	1	0,1
PR	0,6	1	0,7
R	1	1	1

Tabella 2.21 – Fattore correttivo per muratura Foto 2.5.

Le formule operative saranno:

$$IQM_V = 0,6 * 1 * (1 + 3 + 0,5 + 0,5 + 2 + 1) = 0,6 * 8 = 5$$

$$IQM_{FP} = 1 * 1 * (1 + 2 + 0,5 + 0,5 + 2 + 3) = 9$$

$$IQM_{NP} = 0,7 * 1 * (1 + 2 + 1 + 1 + 1 + 2) = 0,7 * 8 = 6$$

Le quali portano alla definizione della seguente Categoria muraria.

Categoria Muratura	A	B	C
Azioni Verticali	$5 \leq IQ \leq 10$	$2,5 \leq IQ < 5$	$0 \leq IQ < 2,5$
Azioni Fuori Piano	$7 \leq IQ \leq 10$	$4 < IQ < 7$	$0 \leq IQ \leq 4$
Azioni Nel Piano	$5 < IQ \leq 10$	$3 < IQ \leq 5$	$0 \leq IQ \leq 3$

Tabella 2.22 – Categorie dell'esempio 2.

Quindi, in definitiva, abbiamo:

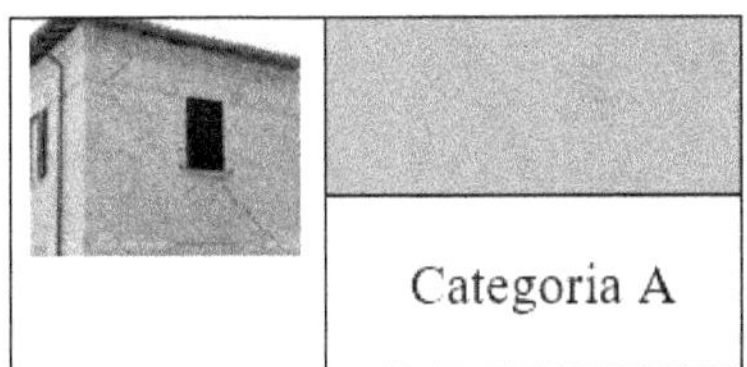

Tabella 2.23 – Categoria muratura mattoni 2 teste.

2.3.3.3. Esempio n. 3.

Foto 2.6 – Muratura con "occhialoni".

In quest'altro esempio pratico verifichiamo tutti i parametri della Regola dell'arte di costruire per una muratura edificata con i cosiddetti "occhialoni" come evidenziato nella Foto 2.6. Tutti i coefficienti sono contenuti nella Tabella 2.24.

	IQM vert.			IQM f.p.			IQM n.p.		
	NR	PR	R	NR	PR	R	NR	PR	R
QUALITA' degli elementi (RE.EL)	0,3	0,7	1	0,5	0,7	1	0,3	0,7	1
DIMENSIONE degli elementi (D.EL.)	0	0,5	1	0	0,5	1	0	0,5	1
FORMA degli elementi resistenti (F.EL.)	0	1,5	3	0	1	2	0	1	2
Qualità della MALTA (MA.)	0	0,5	2	0	0,5	1	0	1	2
Sfalsamento GIUNTI verticali (S.G.)	0	0,5	1	0	0,5	1	0	1	2
Orizzontalità dei FILARI (OR.)	0	1	2	0	1	2	0	0,5	1
Presenza DIATONI (P.D.)	0	1	1	0	1,5	3	0	1	2

Tabella 2.24 – Raccolta parametri Iqm muratura Foto 2.6.

Le formule portano ai seguenti risultati:

$$IQM_V = 1 * 0,3 * (1 + 3 + 2 + 1 + 2 + 1) = 0,3 * 10 = 3$$

$$IQM_{FP} = 1 * 0,5 * (1 + 2 + 1 + 1 + 2 + 3) = 0,5 * 10 = 5$$

$$IQM_{NP} = 1 * 0,3 * (1 + 2 + 2 + 2 + 1 + 2) = 0,3 * 10 = 3$$

I quali collimano nella Tabella 2.25:

Categoria Muratura	A	B	C
Azioni Verticali	$5 \leq IQ \leq 10$	$2,5 \leq IQ < 5$	$0 \leq IQ < 2,5$
Azioni Fuori Piano	$7 \leq IQ \leq 10$	$4 < IQ < 7$	$0 \leq IQ \leq 4$
Azioni Nel Piano	$5 < IQ \leq 10$	$3 < IQ \leq 5$	$0 \leq IQ \leq 3$

Tabella 2.25 – Categorie dell'esempio 3.

Questo caso potrebbe sembrare particolare in quanto si ottengono, presumibilmente, due categorie diverse, la B e la C.

È necessario distinguere appropriatamente quali sono le risposte che cerchiamo relativamente alla muratura di questo esempio 3.

Se siamo interessati ad approssimare il comportamento della muratura di "occhialoni" in caso di azioni verticali (non sismiche) possiamo catalogarla in B.

Invero, se abbiamo necessità di avere informazioni circa una risposta sismica (azioni nel piano e fuori piano) ci ritroviamo a considerare la muratura di Categoria C.

Quindi si conclude:

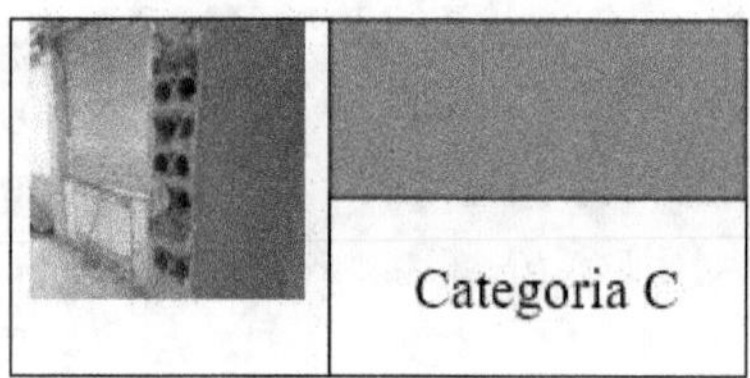

Tabella 2.26 – Categoria muratura mattoni 2 teste.

RIEPILOGO DEL CAPITOLO 2

- SEGRETO n. 1: la Regola dell'arte di costruire una muratura rappresenta la garanzia di buon comportamento di un intero fabbricato.

- SEGRETO n. 2: il primo requisito delle murature è la qualità della malta. Garantisce la monoliticità dell'intera parete attraverso la coesione degli elementi costituenti.

- SEGRETO n. 3: i diatoni rendono le murature resistenti nel comportamento fuori piano.

- SEGRETO n. 4: forma squadrata e grandi dimensioni degli elementi costituenti le murature aumentano il trasferimento delle forze di attrito e aumentano la monoliticità.

- SEGRETO n. 5: lo sfalsamento dei giunti garantisce resistenza a trazione della parete. Filari orizzontali livellano le pietre rendendo migliore la distribuzione dei carichi.

- SEGRETO n. 6: l'Indice di Qualità murario è un parametro importantissimo che permette immediatamente di definire tutte le caratteristiche di una muratura.

Spero vivamente che quanto scritto, sinora, possa esserti stato utile. Se hai delle perplessità o dei dubbi, puoi contattarmi direttamente alla seguente mail: g.albano@calcolostrutture.com. Clicca su www.calcolostrutture.com/guida per scaricare il primo percorso guidato scritto in excel per auto-valutare la sicurezza dell'immobile in cui vivi anche se non sei del settore.

Lascia una recensione su Amazon in modo che il libro possa essere utile ad altre persone.

SPECIALISTI IN ANTISISMICA PER PROFESSIONISTI

Via Faà di Bruno 10 20137 MILANO
tel. 02 37 920 957
www.calcolostrutture.com
info@calcolostrutture.com

Capitolo 3

Come funziona Il Metodo Antisismico™

3.1. Premessa.

Nel capitolo precedente abbiamo imparato a stabilire, con un semplice rilievo visivo e con profonde conoscenze dei 7 parametri della Regola d'arte del costruire, se una muratura rientra in categoria A, B o C.

Sappiamo quanto sia importante la qualità muraria nella risposta strutturale alle azioni statiche e alle azioni, soprattutto, dinamiche sismiche.

In questo paragrafo impareremo l'applicazione de Il Metodo antisismico attraverso il quale riusciremo a costruire l'Etichetta Soglia attenzione sismica e daremo le basi per la definizione dell'Etichetta capacità sismica di un fabbricato.

Vorrei ripetere quanto è importante sapere delle condizioni strutturali del fabbricato in cui si va a vivere con la propria famiglia o dell'appartamento per il quale si decide di investire il proprio denaro.

Siamo in grado di conoscere ogni aspetto energetico della casa in cui abitiamo, sappiamo dei consumi di ogni singola lampada a led, sappiamo di quanta energia termica ha bisogno ogni camera a seconda del numero degli ospiti medi annui. Ma, non abbiamo contezza della resistenza statica e sismica delle strutture portanti.

È sicuramente vero che quasi tutti gli ingegneri strutturisti sono in grado di definire le cosiddette accelerazioni di collasso di un fabbricato, ma molti meno hanno il coraggio professionale di esprimersi in funzione di magnitudo sismica.

Infatti, questo parametro è molto appropriato e soprattutto molto noto alla popolazione di tutto il mondo.

Tu compreresti una struttura in muratura che abbia una Capacità sismica di magnitudo 3? Sono in grado di percepire a distanza la tua negativa risposta.

Il compito fondamentale di questo e-book è proprio quello di rendere edotta la maggior parte delle persone possibili, nel nostro Paese e anche fuori dall'Italia, della percezione intrinseca del pericolo strutturale.

Un manufatto ha, di per sé, sempre una certa pericolosità dettata da una moltitudine di incertezze legate a tanti fattori: qualità dei materiali, preparazione dello strutturista, capacità delle maestranze, condizioni ottimali del suolo su cui erge la struttura.

Insomma, ogni opera umana possiede una serie di incertezze di stabilità che solamente un ottimo strutturista può sapere e può, in qualche maniera, spiegare al proprio committente.

3.2. Cos'è il Metodo antisismico?

Il Metodo antisismico nasce con la speranza di divulgare alla maggior parte della popolazione la consapevolezza del rischio strutturale e del rischio sismico. Tutte le strutture in cui viviamo dovrebbero essere sottoposte a manutenzione ordinaria e straordinaria con tanto di diagnostica nei riguardi delle strutture portanti.

Nell'epoca in cui viviamo non credo sia più ammissibile perdere una vita umana a causa di crollo di fabbricati. Ogni volta che ascolto una notizia del genere il mio spirito va in subbuglio.

Si innesca nel mio subconscio e nella mia mente una vocina che continuamente dice: "Tu cosa stai facendo per impedire tutte queste morti bianche?". Ogni volta è la stessa cosa, qualcuno o qualcosa dal di dentro mi rende in parte responsabile dell'accaduto.

Vedi, fare l'ingegnere strutturista è una vera e propria missione. Quando lascio lo studio in cui passo le mie più proficue ore, la mia mente continua sempre a lavorare. Oramai è una questione di abitudine. Il più delle volte, prima di chiudere la porta dell'ufficio, porto con me una domanda.

Prontamente la risposta arriva nel corso della serata o della notte. Mia moglie spesso mi rimprovera di vedermi assente. Ovviamente io rispondo che sono sempre presente, ma lei conosce questo mio aspetto e sa che ho necessità di pensare e ripensare quell'aspetto, quella nuova tecnica, quel nuovo libro o quel modello strutturale particolare.

Il più profondo stato emotivo l'ho raggiunto all'indomani del terremoto dell'Aquila del 6 aprile del 2009. Ero abbattuto, nervoso, mi ritrovavo spesso quasi a piangere senza un apparente motivo.

Quel giorno, cominciai a scrivere in diretta su Facebook le mie considerazioni post sismiche e da lì iniziò il processo di definizione e di costruzione de Il Metodo antisismico.

Tale metodologia va molto oltre l'approccio ingegneristico e tecnico tipico dello strutturista. Uso spesso dire che Il Metodo antisismico non è altro che l'applicazione pratica della mia personale filosofia strutturale.

Per filosofia strutturale intendo l'approccio teorico-pratico dell'esperienza maturata durante ventidue anni di sola ingegneria strutturale. L'ingegneria strutturale non ha molto in comune con la matematica.

Spesso si fa confusione tra le conoscenze matematiche e quelle ingegneristiche. Sono due mondi completamente diversi. E spesso gli strutturisti cadono nel profondo errore di considerare l'ingegneria strutturale come matematica.

La nostra professione si basa poco sulla matematica. Vero è che usiamo tantissimo software di calcolo matriciale matematico, ma questo non significa che siamo matematici. L'ingegnere deve usare la matematica, la fisica, la meccanica e le scienze delle costruzioni.

A tutte queste materie occorre aggiungere buona dose di filosofia e psicologia applicata. Torniamo alla domanda del paragrafo.

Il Metodo antisismico è un sistema, un protocollo di applicazione di un metodo di prevenzione di crolli dovuti a difetti strutturali e crolli da onde sismiche.

Sono previste 3 fasi distinte ma consecutive:
1. Pre-verifica
2. Verifica

3. Progettazione degli interventi

3.3. Pre-verifica.

La vera novità del protocollo è rappresentata proprio dalla fase 1, durante la quale, come vedremo, si applicano tutti i concetti sinora enunciati per la definizione della Etichetta Soglia attenzione sismica.

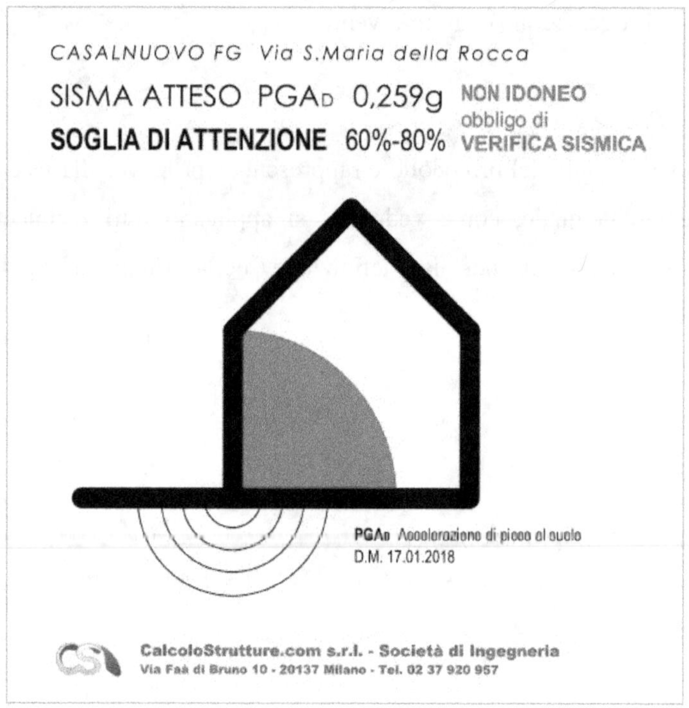

Figura 3.1 – Etichetta Soglia attenzione sismica: Non Idoneo.

L'Etichetta Soglia attenzione sismica presenta molte indicazioni che è bene illustrare. A parte la descrizione dei luoghi in cui è stata fatta l'analisi, si forniscono altri importanti dati.

Sisma Atteso PGA$_D$: rappresenta il valore del sisma atteso nel luogo in cui si erge il fabbricato. È espresso in termini di *g* (accelerazione di gravità). L'acronimo PGA$_D$ sta per Peak Ground Acceleration (Demand – Richiesta).

Le Norme Tecniche per le Costruzioni (D.M. 17.01.2018) consegnano per ogni comune italiano il valore di PGA$_D$ rappresentante l'accelerazione orizzontale massima su suolo rigido (Categoria A) e pianeggiante (Indice topografico T$_1$ = 1) con probabilità del 10% di essere superata in un intervallo di tempo di cinquant'anni.

L'Ingv mette a disposizione una mappa di pericolosità sismica attraverso il link http://esse1-gis.mi.ingv.it/ ove è possibile cercare il comune e, con la mappatura a colori, definire l'intervallo di PGA$_D$.

Soglia di attenzione: rappresenta un numero percentuale per il quale occorre prestare attenzione al problema di sicurezza strutturale del fabbricato in oggetto. Sono stati previsti 3 range di valori raccontati nella figura seguente. A ogni soglia corrispondono un colore, una descrizione e un consiglio relativo.

Denominazione della Soglia	Colore della Soglia	Descrizione e Consigli
SOGLIA DI ATTENZIONE ROSSA Dal 60% all'80%		Fabbricato non idoneo. **Obbligo** di VERIFICA SISMICA
SOGLIA DI ATTENZIONE GIALLA Dal 40% all'60%		Fabbricato parzialmente idoneo. **Si consiglia** VERIFICA SISMICA
SOGLIA DI ATTENZIONE VERDE Dal 20% all'40%		Fabbricato presumibilmente idoneo. **Si consiglia** CALCOLO CAPACITA' SISMICA

Tabella 3.1 – Significato delle Soglie di attenzione.

Idoneità: in alto a destra dell'Etichetta soglia è indicato un giudizio sintetico sull'idoneità strutturale del fabbricato analizzato. Sono stati previsti tre gradi di giudizio: idoneo, non idoneo o parzialmente idoneo.

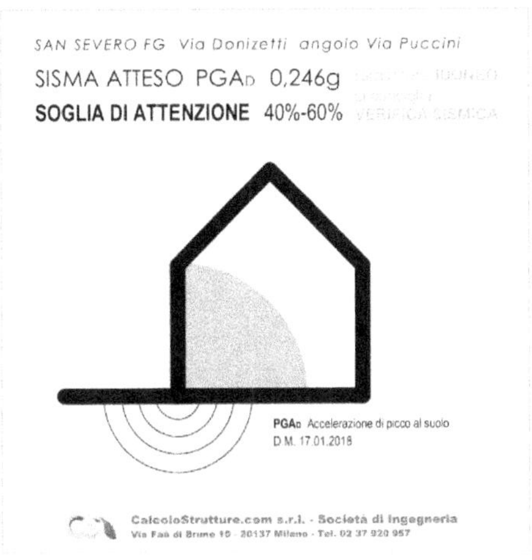

Figura 3.2 – Etichetta Soglia Attenzione sismica: parzialmente idoneo.

Consigli: sempre in alto a destra, a seconda dei risultati ottenuti dall'analisi strutturale del fabbricato secondo i concetti che vedremo della Fase uno de "Il Metodo antisismico", sono consegnati anche dei giudizi globali sintetizzati in: *Obbligo di Verifica* (strutturale), *Si consiglia Verifica, Si consiglia calcolo capacità* sismica.

Figura 3.3 – Etichetta Soglia Attenzione sismica: idoneo.

A questo punto abbiamo in mente cosa sia l'Etichetta Soglia Attenzione Sismica. Occorre fare delle precisazioni molto ma molto importanti.

Potresti dirmi che il tuo fabbricato si trova in una zona non sismica, tipo la Sardegna o una parte di Milano o la penisola Salentina.

Innanzitutto bisogna precisare che secondo il mio personalissimo parere non esiste una zona in Italia che non sia sismica. Le distanze geologiche non hanno molto senso sul nostro pianeta. Dire che il Gargano è molto sismico e il Salento non lo sia è alquanto errato.

Infatti, spesso i media ci informano che anche nel sud della Puglia si avvertono scosse, seppur poco incidenti sulla stabilità strutturale.

Altro aspetto è da ricercare nella normativa sulle costruzioni. Il Testo unico delle Costruzioni, raccolto nel D.M. del 17.01.2018 e relativa Circolare applicativa, nell'Allegato A, ha chiarito molto bene che non esiste una zona italiana che non debba essere verificata anche per azione sismica, seppur di bassa sismicità pari a 0.05g, cioè il 5% dell'accelerazione di gravità.

Ultima precisazione è che l'Etichetta Soglia non valuta, come abbiamo già visto precedentemente, solo l'idoneità strutturale antisismica, ma anche e soprattutto l'idoneità statica dell'immobile posto in oggetto.

Infatti, credo che ti sia abbastanza chiaro, se un fabbricato ha problemi di natura statica, cioè per carichi e sollecitazioni derivanti solo ai pesi dei solai e ai carichi permanenti (pavimenti, intonaci, sottofondi, tramezzi ecc.) o carichi variabili (destinazioni abitazioni, uffici, commerciali ecc.) a maggior ragione non può non presentare elevatissime problematiche di natura dinamica (sismica).

Questo è tanto più vero perché prima di procedere a calcolazioni dinamiche (se sei un tecnico ti sarà ovvio) occorre verificare il fabbricato a carichi statici. Ma del resto, un uomo non può correre se non riesce nemmeno a stare in piedi.

Immagina cosa possa significare per te e per i tuoi conoscenti avere a disposizione per il fabbricato in cui vivi un'Etichetta Soglia di Attenzione. Potresti sentirti esattamente come quando esci fuori dopo un approfondito check up medico.

Il tuo stato emotivo potrebbe oscillare da tranquillità a preoccupazione a seconda del colore che avrebbe la tua Etichetta Soglia.

Considera se riuscissi ad avere l'etichetta prima di acquistare la casa dei tuoi sogni nel centro storico della tua città natale. Vedi, del resto, quando hai focalizzato l'auto usata che vuoi comprare, la prima cosa che ti viene in mente è sapere il parere del tuo meccanico di fiducia.

Vuoi essere sicuro che stai facendo un buon acquisto, vuoi sapere se stai comprando un bidone, vuoi essere messo al corrente se è necessario rifare i freni o rifare completamente il motore.

Faccio questi banalissimi esempi per inculcarti un concetto assolutamente normale, ma non applicato (chissà poi per quale motivo) nel comparto delle costruzioni.

Addirittura, prima di comprare il nuovo frigorifero di casa, vediamo attaccata sul fronte una bellissima etichetta colorata che ci fa capire, immediatamente, se stiamo comprando qualcosa che potrà costarci molta energia elettrica o meno.

Allora, *perché non fare la stessa cosa per un appartamento per il quale investi tutti i risparmi della tua vita?*

3.4. Verifica e progettazione degli interventi.

La seconda e terza fase de Il Metodo antisismico è parte di una procedura nota a tutti gli ingegneri civili strutturisti o, più in generale, a chi si occupa di progettazione degli interventi di strutture esistenti.

La presente pubblicazione non sviluppa queste 2 fasi del Protocollo perché sono successive alla fase uno, di redazione dell'Etichetta Soglia Attenzione sismica, e sono note ai colleghi.

In breve, la fase 2 di verifica conta, a sua volta, di due ulteriori fasi molto importanti e consecutive. La prima è legata alla diagnostica di laboratorio. Si esegue una campagna mirata di prove distruttive, non distruttive e di laboratorio, aventi il principale scopo di stabilire le caratteristiche meccaniche (resistenza a compressione, a taglio e flessione) delle strutture esistenti.

Tale procedura è regolata sempre dalle Norme tecniche per le costruzioni (D.M. 17.01.2018). La seconda fase consiste nella calcolazione dello stato di fatto del fabbricato in oggetto.

Si inseriscono i dati all'interno di software di analisi multimodale con spettro di risposta e agli elementi finiti per costruire un modello di calcolo tridimensionale avente le caratteristiche geometriche rilevate sul posto e sui disegni originali dell'opera, se esistenti, e le resistenze meccaniche scaturite dalle prove di laboratorio su menzionate.

I risultati ottenuti solitamente vengono raccolti in centinaia e centinaia di fogli che descrivono, elemento per elemento strutturale, tutta una serie di esiti derivanti da calcoli matriciali.

Anche qui è stato fatto un passo molto importante sempre nell'ambito de "Il Metodo antisismico", infatti il Protocollo porta alla definizione di una nuova etichetta, da consegnare al genio civile di competenza o al committente, denominata *Etichetta di Capacità Sismica™*, consegnata in seguito.

Figura 3.4 – Etichetta capacità sismica.

La principale differenza tra Etichetta Soglia ed Etichetta Capacità è nella procedura con cui è stata rilevata. La prima, come vedremo a breve, deriva da procedure di analisi dei luoghi o analisi fotografiche, analisi della Regola dell'arte del costruire strutture in muratura, analisi della normativa per valutare il terremoto di progetto del luogo in cui si erge il manufatto.

La seconda differenza è la certezza "matematica" di quanto

espresso dall'Etichetta Capacità. Questa, infatti, deriva (come ricorderai) da analisi distruttive e non distruttive delle resistenze delle murature e da calcolazioni a elementi finiti. La terza differenza tra le due etichette è essenzialmente di tipo economico.

Occorre ancora sottolineare che le due fasi, la 1 e la 2, sono conseguenziali e uniche. Nel senso che è possibile redigere solo l'Etichetta Soglia o solo l'Etichetta Capacità o entrambe. Il tutto dipende da cosa è necessario dimostrare e, soprattutto, a chi serve il dato ottenuto da Il Metodo antisismico.

La terza fase, invece, è relativa alla progettazione dell'intervento di miglioramento o di adeguamento strutturale e/o sismico. In pratica si eseguono le stesse calcolazioni della fase 2, ma inserendo nel modello di calcolo strutturale tridimensionale tutte le migliorie o gli adeguamenti necessari al fine di rendere performante il manufatto ai carichi statici e/o ai carichi dinamici (terremoti).

RIEPILOGO DEL CAPITOLO 3

- SEGRETO n. 1: tutte le strutture in cui viviamo devono essere sottoposte a diagnostica strutturale.

- SEGRETO n. 2: ogni indirizzo civico italiano ha una sua sismicità, un suo terremoto di progetto che gli ingegneri devono conoscere prima di affrontare la progettazione strutturale.

- SEGRETO n. 3: non esiste in Italia una zona non sismica.

- SEGRETO n. 4: l'Etichetta Soglia Attenzione Sismica™ non valuta solo l'idoneità strutturale antisismica, ma anche e soprattutto l'idoneità statica dell'immobile posto in oggetto.

- SEGRETO n. 5: prima di acquistare un immobile o vivere in un fabbricato del centro storico o di qualunque altra zona della tua città, redigi la tua Etichetta Soglia Attenzione.

Spero vivamente che quanto scritto, sinora, possa esserti stato utile. Se hai delle perplessità o dei dubbi, puoi contattarmi direttamente alla seguente mail: g.albano@calcolostrutture.com.

Clicca su www.calcolostrutture.com/guida per scaricare il primo percorso guidato scritto in excel per auto-valutare la sicurezza dell'immobile in cui vivi anche se non sei del settore.

Lascia una recensione su Amazon in modo che il libro possa essere utile ad altre persone.

SPECIALISTI IN ANTISISMICA PER PROFESSIONISTI

Via Faà di Bruno 10 20137 MILANO
tel. 02 37 920 957
www.calcolostrutture.com
info@calcolostrutture.com

Capitolo 4
Come redigere l'Etichetta Soglia Attenzione

4.1. Premessa.

In questo capitolo si spiegheranno le operazioni necessarie per la costruzione dell'Etichetta Soglia Attenzione Sismica all'interno della quale saranno riportati parametri indispensabili per la consapevolezza del rischio strutturale inteso dal punto di vista statico e da quello sismico.

4.2. Step 1: analisi del terremoto di progetto.

Lo step n. 1 per la costruzione dell'Etichetta Soglia Attenzione consiste nella valutazione dell'accelerazione di picco al suolo fornita dalla normativa in vigore e precisamente il Decreto Ministero delle Infrastrutture 17 gennaio 2018, Aggiornamento delle Norme tecniche per le Costruzioni, G.U. 20 febbraio 2018, n. 42.

In particolare, al paragrafo 3.2 le NTC2018 fanno riferimento, per la determinazione dei parametri necessari al calcolo dell'azione sismica, agli allegati A e B al Decreto del ministero delle Infrastrutture 14 gennaio 2008, pubblicato nel S.O. alla G.U. del 4 febbraio 2008, n.29, ed eventuali successivi aggiornamenti.

Nell'allegato A sono riportati i parametri sismici che gli strutturisti utilizzano per definire il terremoto di progetto. L'Italia è stata divisa in un fitto reticolo costituito da triangolazioni al vertice delle quali è riportata, in funzione della latitudine, longitudine e del periodo di ritorno dell'azione sismica, l'accelerazione di picco al suolo di quel luogo.

Se non sei uno strutturista o un addetto particolare alle calcolazioni sismiche, risulta un po' complicato scovare, per la tua città, la PGA_D. Per questo motivo faremo riferimento a una definizione del terremoto di progetto molto più semplice e di facile reperimento.

Si supponga, ad esempio, che il fabbricato in esame si trovi a Castel Gandolfo in provincia di Roma. Basta digitare in internet su un qualunque motore di ricerca la seguente dicitura: "*sismicità di Roma*". Aprendo il primo link – ma anche gli altri portano allo stesso risultato – è possibile verificare ove si trova il proprio fabbricato.

Cliccando sulla cartina geografica stilizzata in alto a sinistra del sito https://www.tuttitalia.it/lazio/provincia-di-roma/rischio-sismico/ comparirà un listato all'interno del quale si va a leggere la zona sismica relativa al proprio comune. A questo punto non si deve fare altro che compilare la seguente tabella.

Città	Zona 1 e 2	Zona 3	Zona 4
Castel Gandolfo	2B		

Abbiamo colorato di grigio la casella al di sotto della corrispondente zona sismica: *Zona 1 e 2 // 2B*. Ti ricordo che per zona 2 si intende un'accelerazione con probabilità di superamento del 10% in cinquant'anni compresa tra 0.15g e 0.25g.

Mi scuso se sei un ingegnere o strutturista. In tal caso è lapalissiano che tu possa aprire il tuo software di calcolo, inserire l'indirizzo civico e avere direttamente l'accelerazione di picco al suolo, su suolo rigido di categoria A per Stato Limite di

Salvaguardia della Vita con periodo di ritorno di 475 anni.

Supponendo che il fabbricato si trovi in via Roma n. 25 a Castel Gandolfo (RM), avremo una situazione simile alla seguente.

Foto 4.1 – Vista satellitare della zona ricercata.

Parametri nelle espressioni dello Spettro Orizzontale

Stato Limite	Tr	Ag/g
Stato Limite Operatività	30	0.0555
Stato Limite Danno	50	0.0736
Stato Limite salvaguardia Vita	475	0.1658
Stato Limite prevenzione Collasso	975	0.2104

Tabella 4.1 – Parametri sismici per lo spettro elastico.

Quindi, nel caso tu fossi uno strutturista, la tabella sopra diventerebbe:

Città	Zona 1 e 2	Zona 3	Zona 4
Castel Gandolfo	0.166g		

Continuando, si potrebbe fare una stima della magnitudo del luogo, anzi dell'indirizzo.

Si consegnano i dati relativi ai parametri sismici. In particolare occorre premettere che per lo Stato limite di salvaguardia e per lo Stato limite di collasso, per le NTC 2018, sono previste le seguenti accelerazioni:

$$\left(\frac{a_g}{g}\right)_{SLV} = 0.1658$$

$$\left(\frac{a_g}{g}\right)_{SLC} = 0.2104$$

Tali accelerazioni adimensionalizzate, in termini di accelerazione di gravità, utilizzando le formule approssimate di Como-Lanni:

$$\boxed{6M^2 \leq a_{max} \leq 12M^2}$$

porterebbero alla stima della magnitudo prevista secondo lo schema sotto riportato.

SLV			
$\left(\dfrac{a_g}{g}\right)_{SLV} = 0.1658$	Magnitudo Max.		**5.21**
	Magnitudo Min.		**3.68**
SLC			
$\left(\dfrac{a_g}{g}\right)_{SLC} = 0.2104$	Magnitudo Max.		**5.87**
	Magnitudo Min.		**4.15**

Quindi, da tali formulazioni si stimerebbe una magnitudo massima intorno a 5.87, tipica del luogo e indipendente dalle caratteristiche dell'edificio e del suolo. La tabella sopra potrebbe essere interpretata in diversi modi.

Quello forse più appropriato è legato alla necessità di inculcare in te, lettore, la consapevolezza del rischio strutturale, e in questo caso, del rischio sismico. In pratica un fabbricato in via Roma a Castel Gandolfo dovrebbe resistere, per evitare il collasso, a magnitudo 5.87.

Valore molto elevato seppur di prima approssimazione in quanto derivante dalla formula di Como-Lanni.

A tutto questo si potrebbero aggiungere molte altre considerazioni. Supponiamo che il nostro fabbricato sia adagiato, molto verosimilmente, su un suolo di categoria C, anziché su un suolo di categoria A, quest'ultima ipotesi è contemplata nelle accelerazioni di picco al suolo riportate nel reticolo italiano di cui sopra.

In tal caso, a parità di periodo di vibrazione, l'accelerazione orizzontale tende ad aumentare col peggiorare delle caratteristiche fisiche del suolo. Come pure tende ad aumentare, la Pga, in funzione della regolarità in pianta o in elevazione, o in funzione della topografia del suolo (collinoso, montagna, fabbricato su rupe ecc.).

4.3. *Step 2: analisi della Qualità muraria.*

Nel Capitolo 2 siamo diventati bravi nel valutare la qualità muraria attraverso i 7 parametri della buona regola del costruire. Non ci resta che inserire i valori ottenuti, per il fabbricato in oggetto, all'interno di una tabella come sotto indicata.

Tipologia muraria	Categoria C	Categoria B	Categoria A
Pietrame			

Ricorderai dagli esempi che per murature di pietrame costituite da pietre di varie dimensioni con quelle minori che appaiono incoerenti e slegate la categoria di Qualità muraria è la C. Non ci resta che colorare di grigio la casella relativa alla categoria C.

4.4. *Step 3: analisi dei parametri statici e antisismici.*

Questa terza fase è molto importante e cercherò, per quanto mi sarà possibile, di renderla meno pesante e macchinosa. Dopo la lettura di questo paragrafo avrai in mano tutti i mezzi che ti porteranno celermente alla costruzione della tua Etichetta Soglia Attenzione sismica.

4.4.1. Data di costruzione e relativa normativa di calcolo.

Prima di procedere all'acquisto di una nuova auto di seconda mano siamo abituati, tutti indistintamente, a chiedere l'anno di immatricolazione in cui il mezzo ha iniziato a circolare. Nel comparto edile dobbiamo abituarci a chiedere sempre l'anno di costruzione e a breve ti dimostrerò il motivo.

Nella tabella seguente dovrai scegliere l'anno di costruzione del fabbricato in cui vivi (e non di finitura del tuo appartamento) con l'automatica selezione della relativa normativa di progettazione strutturale vigente all'epoca di realizzazione. Si ricorda che la tabella seguente fa riferimento a strutture in muratura.

Fabbricato del	Categoria C	Categoria B	Categoria A
Fino al 19.12.1987	Norme solo per cemento e acciaio		
da 19.12.1987 a 22.10.2005		D.M. LL.PP. 20.11.1987	
Da 23.10.2005 a 30.06.2009			NTC 2005 D.M. 14.09.2005
Da 01.07.2009 a 21.03.2018			NTC 2008 D.M. 14.01.2008
Da 22.03.2018 a oggi			NTC 2018 D.M. 17.01.2018

Devo ammettere che la cronologia storica delle norme per le costruzioni in Italia è decisamente complessa, in quanto sono stati pubblicati molti decreti ministeriali, la maggior parte dei quali erano relativi a strutture in cemento armato e acciaio.

Le prime norme tecniche per costruzioni da realizzarsi in zone dichiarate sismiche risalgono alla Legge 64/1974. Il primo decreto ministeriale attinente alle norme tecniche per le costruzioni in zone sismiche è stato il D.M. 03.03.1975 modificato dal D.M. 03.06.1981.

Inoltre, dopo il terremoto dell'Irpinia fu emanato il D.M. 02.07.1981 recante normativa per le riparazioni e il rafforzamento degli edifici danneggiati dal sisma nelle regioni Basilicata, Campania e Puglia rimasto in vigore fino al 28.08.1984.

Fu sostituito dal D.M. 19.06.1984 recante norme tecniche relative alle costruzioni sismiche vigente fino al 10.06.1986, quando fu rimpiazzato dal D.M. 24.01.1986 specifico per costruzioni sismiche.

Con questi elenchi normativi voglio soltanto dire che all'epoca la mappatura sismica non era estesa come oggi. Pertanto, anche se erano presenti norme a tema sismico, esse non erano applicate in tutto il nostro Paese.

Da qui si spiega la mia personale distinzione normativa sopra tabellata e a noi necessaria per la costruzione dell'Etichetta Soglia Attenzione sismica.

4.4.2. Regolarità in pianta.

La regolarità in pianta e in elevazione è molto importante ai fini di resistenza alle azioni telluriche. Infatti, un fabbricato non regolare in pianta sarà sottoposto a forti momenti torcenti, incrementanti le sollecitazioni sulle murature di bordo. Tali momenti inerziali aggiuntivi possono agire nei piani orizzontali (irregolarità in pianta) e nei piani verticali (irregolarità in elevazione).

Un fabbricato regolare distribuisce in modo molto più sistematico le sollecitazioni sismiche in fondazione senza creazioni di momenti e taglianti parassiti compromettenti la staticità del fabbricato intero.

Per definire un fabbricato regolare in pianta le Norme tecniche per le costruzioni 2018, D.M. 17.01.2018, stabiliscono una serie di limitazioni che in questa sede non si ritiene opportuno riportare, in quanto tali indicazioni possono essere ben accertate da software di calcolo e non già da operatori diversi da colleghi ingegneri.

Il concetto che a breve espliciteremo è piuttosto semplice. Un edificio possiamo definirlo regolare in pianta quando, considerando la proiezione dello stesso al piano zero, il rapporto tra la dimensione minore e quella maggiore è superiore all'80%, e il rapporto tra eventuali sporgenze di piano e la dimensione maggiore in pianta è inferiore al 10%.

Per bene comprendere quanto suddetto, seguono degli esempi.

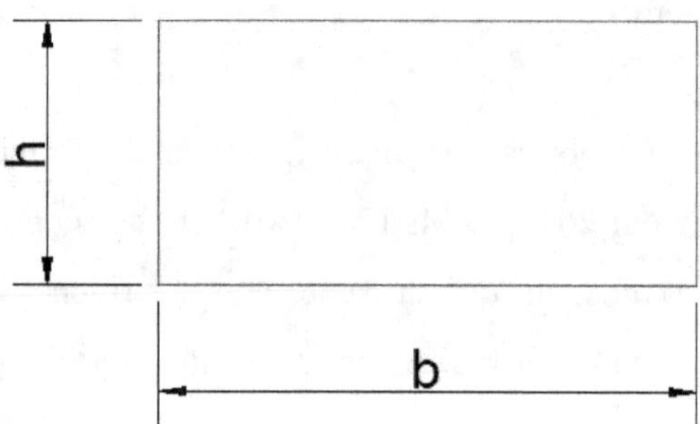

Figura 4.1 – Schema pianta fabbricato senza sporgenze.

Nell'esempio di figura la regolarità in pianta è garantita quando:

$$\frac{h}{b} \geq 80\%$$

Supponendo una proiezione al livello zero con le seguenti misure:

$$b = 20m \qquad h = 10m$$

Avremo:

$$\frac{h}{b} = \frac{10}{20} = 0.5 \cdot 100 = 50\% < 80\%$$

Pertanto, il fabbricato è *non regolare* in pianta.

Segue un esempio poco più complicato, un fabbricato che abbia anche una sporgenza che chiameremo s.

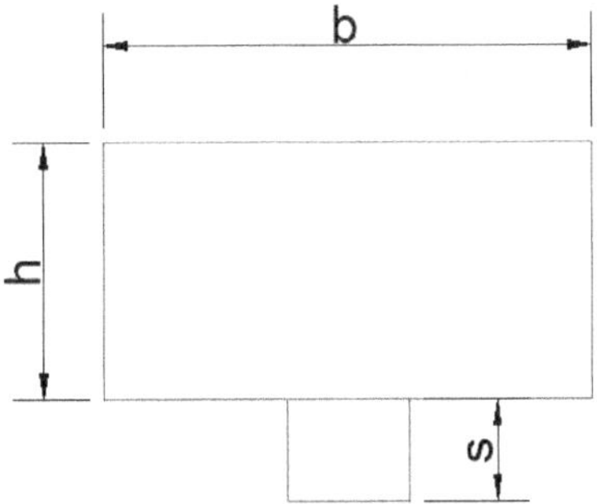

Figura 4.2 – Schema pianta fabbricato con sporgenza.

Le condizioni che dovranno rispettarsi sono:

$$\frac{h}{b} \geq 80\%$$

$$\frac{s}{b} \leq 10\%$$

Completando l'esempio aggiungiamo il valore $s = 4m$

Sviluppando:

$$\frac{h}{b} = \frac{10}{20} = 0.5 \cdot 100 = 50\% < 80\%$$

$$\frac{s}{b} = \frac{4}{20} = 0.2 \cdot 100 = 20\% > 10\%$$

Pertanto, il fabbricato è *non regolare* in pianta. Si ricorda che entrambe le condizioni dovranno essere rispettate.

Altro esempio: $b = 20m \quad h = 17m \quad s = 3m$

$$\frac{h}{b} = \frac{17}{20} = 0.85 \cdot 100 = 85\% > 80\%$$

$$\frac{s}{b} = \frac{3}{20} = 0.15 \cdot 100 = 15\% > 10\%$$

Fabbricato *non regolare* in pianta.

Ancora un esempio: $b = 15m \quad h = 12m \quad s = 1.5m$

$$\frac{h}{b} = \frac{12}{15} = 0.80 \cdot 100 = 80\% = 80\%$$

$$\frac{s}{b} = \frac{1.5}{15} = 0.10 \cdot 100 = 10\% = 10\%$$

Fabbricato *regolare* in pianta.

Un ultimo caso è quello indicato in figura seguente.

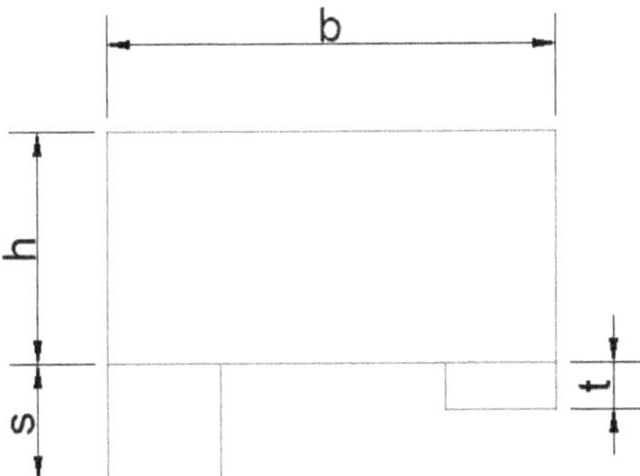

Figura 4.3 – Schema pianta fabbricato con 2 sporgenze.

Se dovessi avere un caso con più di una sporgenza dovrai considerare quella maggiore tra le due. Anche per la regolarità in pianta dovrai compilare la seguente tabella.

Regolarità in Pianta	NON Regolare		Regolare
$\dfrac{h}{b}$ e $\dfrac{s}{b}$	$\dfrac{h}{b} < 80\%$ $\dfrac{s}{b} > 10\%$		$\dfrac{h}{b} \geq 80\%$ $\dfrac{s}{b} \leq 10\%$

Al solo scopo di essere chiaro si rammenta:

- Struttura regolare in pianta se $\frac{h}{b} \geq 80\%$ e $\frac{s}{b} \leq 10\%$;

- Struttura non regolare se $\frac{h}{b} < 80\%$ e $\frac{s}{b} > 10\%$.

Si ricorda che basta una delle due condizioni non rispettata, per definire la struttura non regolare in pianta. Anche in questo caso evidenziamo con il colore grigio la casella relativa al nostro caso di esempio al fine di costruire l'Etichetta.

4.4.3. Regolarità in elevazione.

Nel paragrafo precedente abbiamo accennato a cosa comporta la non regolarità in elevazione di un fabbricato, soprattutto se in muratura. Anche per questo caso le Ntc 2018 sono piuttosto complicate se non hai molta dimestichezza con il comparto delle costruzioni e, più in generale, se non sei un tecnico con un software di calcolo. Da queste motivazioni scaturisce la metodologia riportata di seguito.

Bisogna essenzialmente analizzare due diversi aspetti. Il primo è legato alla variazione di massa muraria da un piano al piano successivo che per semplicità scaturisce in variazione di superficie.

Il secondo è legato al raffronto, se presente, della superficie di porticati in funzione di quella totale del piano a livello zero.

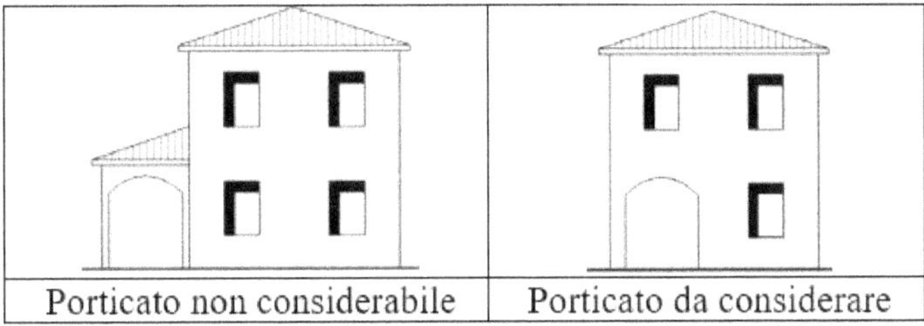

| Porticato non considerabile | Porticato da considerare |

Figura 4.4 – Quando considerare i porticati nella regolarità.

Le figure sopra evidenziano quando è necessario considerare la presenza di un porticato al fine della determinazione della regolarità in elevazione di un fabbricato in muratura.

Un fabbricato è regolare in altezza se valgono entrambe le seguenti caratteristiche:

- La differenza tra la superficie lorda da un piano a quello successivo è inferiore al 10%.
- Quando la superficie porticata (vuoto per pieno) è inferiore al 10% della superficie lorda proiettata sul piano dei porticati.

Facciamo subito un esempio al fine di individuare velocemente la semplice metodologia su esplicata.

Il fabbricato in fotografia ha dei porticati al piano terra. La pianta del piano terra potrebbe essere immaginata:

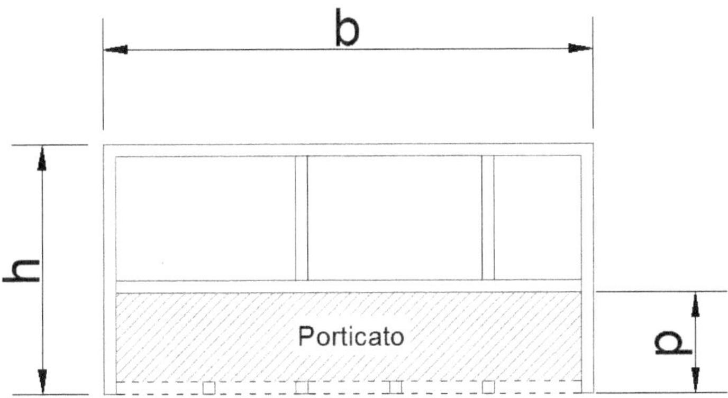

Figura 4.5 – Superficie di porticato.

Procediamo al calcolo delle superfici:

$$S_{Tot} = b \cdot h$$

$$S_{Por} = b \cdot p$$

Il rapporto tra la superficie del porticato e quella totale lorda in pianta dovrà essere inferiore al 10%. In formula:

$$\frac{S_{Por}}{S_{Tot}} \leq 10\%$$

Oltre alla condizione dei porticati dovrà valutarsi, come suddetto, anche il rapporto tra la superficie lorda di un piano e di quello superiore, se eventualmente sia arretrato e di area inferiore. In formula possiamo scrivere:

$$\frac{S_{PianoSup}}{S_{PianoInf}} \geq 90\%$$

$$\boxed{\frac{S_{PianoSup}}{S_{PianoInf}} \leq 10\%}$$

Considerando che il piano superiore (sup) sia arretrato rispetto a quello inferiore (inf). La nostra tabella diventerebbe come indicato.

Regolarità in Elevazione	NON Regolare		Regolare	
	$\dfrac{S_{Por}}{S_{Tot}} > 10\%$	$\dfrac{S_{PianoSup}}{S_{PianoInf}} < 90\%$	$\dfrac{S_{Por}}{S_{Tot}} \leq 10\%$	$\dfrac{S_{PianoSup}}{S_{PianoInf}} \geq 90\%$

Come nel caso della regolarità in pianta, le condizioni dovranno essere entrambe rispettate al fine di Regolarità in Elevazione.

4.4.4. Regolarità allineamento delle aperture.

Le aperture in facciata, ma anche nelle murature portanti interne, devono, anzi dovrebbero, essere tutte allineate lungo la verticale. Questo principio è legato al comportamento strutturale del cosiddetto maschio murario: elemento unico di muratura da cielo a terra.

Quando i maschi murari sono interrotti da aperture, il trasferimento delle tensioni di taglio e pressoflessione nel piano subisce deviazioni e soprattutto concentrazioni nei punti di deflusso.

Ad esempio, per la struttura modellata e indicata nella figura seguente si notano i maschi murari estesi dalle fondazioni alla copertura.

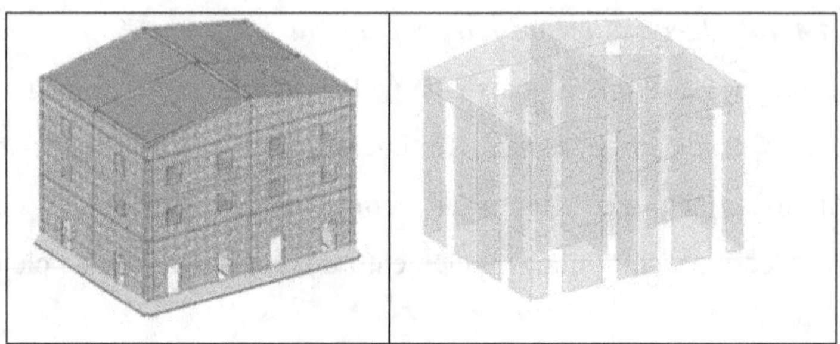

Figura 4.6 – Esempio di modello 2D e maschi murari.

Anche in questo caso diventa semplice indicare se un fabbricato possieda oppure no aperture allineate o meno.

Allineamento Aperture	Non Regolare	Parzialmente Regolare	Regolare
Numero % muri	10%	50%	100%

La tabella sopra è facile da intuire. Facciamo un esempio. L'edificio del modello tridimensionale è costituito da 4 pareti di facciata e 2 pareti portanti interne. La percentuale è da calcolare sul totale pareti pari a 6. Si possono avere 3 casi:

- 10% di 6 = 1 parete
- 50% di 6 = 3 pareti
- 100% di 6 = 6 pareti

Supponiamo che siamo nel caso in cui per 4 pareti delle 6 abbiamo riscontrato allineamento verticale delle aperture. Riempiamo di grigio la cella gialla.

4.4.5. Snellezza delle murature inferiori a 12.

La snellezza possiamo definirla come il rapporto tra l'altezza della parete portante in oggetto (per semplicità possiamo misurare l'interpiano: distanza tra solaio di calpestio e soffitto) e lo spessore della stessa.

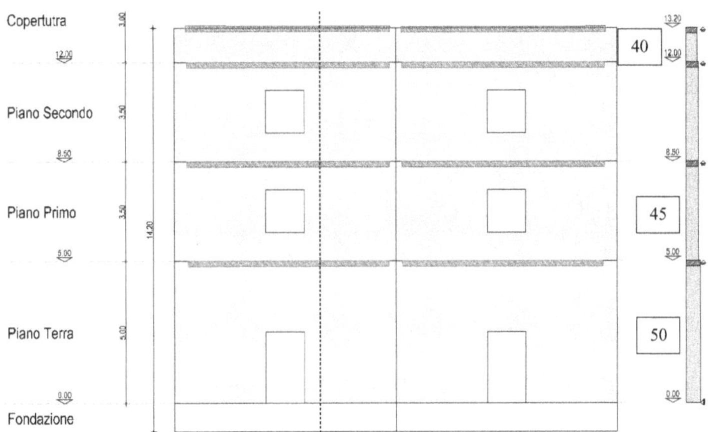

Figura 4.7 – Telaio di una muratura con sezione e spessori.

Nella Figura 4.7 si riporta il telaio centrale del modello di calcolo inserito al paragrafo precedente. Le altezze di interpiano e gli spessori delle murature possono desumersi dal grafico.

Calcoliamo le tre snellezze:

$$\lambda_1 = \frac{500}{50} = 10 \quad \lambda_2 = \frac{350}{45} = 8 \quad \lambda_3 = \frac{120}{40} = 3$$

Tutte le snellezze sono inferiori a 12, pertanto possiamo considerare regolare la snellezza delle murature. La nostra tabella diventa:

Snellezza delle Murature ≤ 12	Non Regolare	Parzialmente Regolare	Regolare
Numero % muri	10%	50%	100%

Il conteggio dei muri da verificare è esattamente uguale al paragrafo precedente relativo alla regolarità dell'allineamento delle aperture. Nel nostro esempio le snellezze sono tutte inferiori a 12.

4.4.6. Interpiani inferiori a 5 metri.

Dal grafico 4.7 possiamo leggere le altezze di interpiano. Sono tutte inferiori o uguali a 5 m, pertanto la solita tabella diventa:

Interpiani inferiori a 5m	Non Regolare	Parzialmente Regolare	Regolare
N.ro % interpiani	10%	50%	100%

4.4.7. Copertura non spingente.

Una copertura si può definire spingente allorquando sia stata realizzata con gli elementi portanti principali, alloggiati perpendicolarmente alle pareti di facciata.

Questa peculiarità produce, soprattutto durante il sisma, un forte effetto spingente della parete su cui è accolta la copertura, generante collasso fuori del proprio piano. Per coperture a padiglione i puntoni possono provocare crolli della muratura nelle zone d'angolo.

Da queste considerazioni è intuibile il motivo per cui i collegamenti, tra la struttura di copertura e le murature perimetrali sottostanti, devono essere molto efficaci.

L'efficacia consiste nel trasferire le azioni sismiche alle pareti di controvento e nel garantire un effetto cosiddetto "a botte" di cerchiaggio in testa, migliorando il comportamento scatolare dell'intero fabbricato.

A tutte queste problematiche si aggiunge anche la "pesantezza" della copertura, la quale incide negativamente sulle murature al di sotto della copertura stessa. Infatti, come già consegnato, le forze d'inerzia aumentano con l'aumentare della massa posta in movimento dall'azione sismica.

Per chi non è tecnico non ci resta che verificare cosa si intende per copertura spingente. Al fine di rendere chiara la trattazione si consegnano immagini con relative note.

Coperture Spingenti	Coperture NON Spingenti

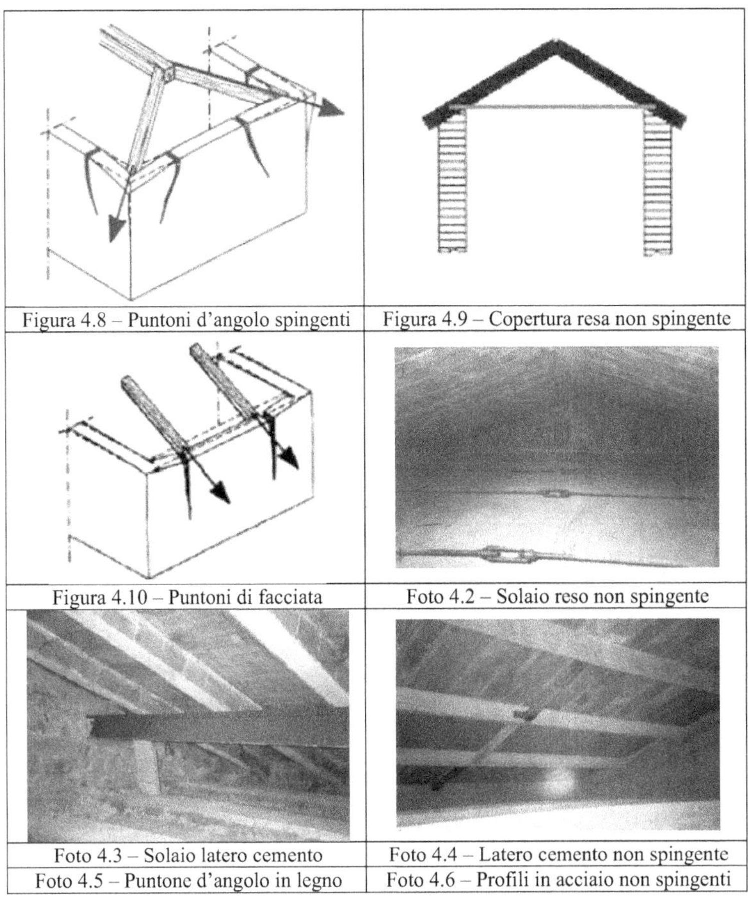

Figura 4.8 – Puntoni d'angolo spingenti	Figura 4.9 – Copertura resa non spingente
Figura 4.10 – Puntoni di facciata	Foto 4.2 – Solaio reso non spingente
Foto 4.3 – Solaio latero cemento	Foto 4.4 – Latero cemento non spingente
Foto 4.5 – Puntone d'angolo in legno	Foto 4.6 – Profili in acciaio non spingenti

| Foto 4.5 – Puntone d'angolo in legno | Foto 4.6 – Profili in acciaio non spingenti |

Per concludere, possiamo ribadire che una copertura è spingente nel momento in cui le travi che la sostengono sono inclinate verso le pareti di facciata. Qualora, invece, la copertura fosse fatta di travetti (precompressi o in legno o in acciaio) senza travi principali, occorre valutare la direzione di tali traversi.

Se sono diretti verso le imposte e non vi sono né catene né muri al colmo (o travi al colmo) la copertura potrà essere definita spingente. L'aspetto che occorre ricordare è la presenza o meno di un cordolo sommitale all'imposta della copertura.

Se esso è presente la spinta può essere considerata eliminata. Ma, in tal caso è necessario verificare (e uno strutturista potrà meglio intuire) quanto il cordolo sia in grado di trasferire alla muratura sottostante la componente orizzontale incrementabile durante l'azione sismica.

Spesso, durante post eventi sismici ho notato che il problema non è tanto la presenza di un cordolo che faccia da effetto botte in sommità, quanto invece esso sia ben ammorsato alla muratura sottostante.

Solitamente il cordolo in cemento armato o legno o acciaio veniva lasciato appoggiato lungo lo sviluppo della parete e la spinta orizzontale si trasferiva alle murature solo attraverso forze di attrito, spesso non sufficienti a garantire il non slittamento di tutto il tetto, cordolo compreso.

La tabella, di esempio, continua lo sviluppo e diventa:

Copertura	Spingente	Parzialmente Spingente	Non Spingente

4.4.8. Comportamento scatolare.

In questa sezione si vuole esprimere il funzionamento scatolare dell'intero corpo di fabbrica. La trattazione viene molto semplificata anche al fine di renderla intuibile a te che non sei un tecnico.

Le murature, affinché possano svolgere la funzione per la quale sono state create, resistere ad azioni statiche e dinamiche, devono essere ben collegate con i solai sostenenti e con le altre murature solitamente disposte trasversalmente a esse.

Un comportamento scatolare, come nel capitolo precedente, può essere garantito quando gli ammorsamenti tra pareti ortogonali sono efficaci e quando i solai sono bene agganciati alle murature portanti.

Indagare su questi aspetti non è semplice. Occorrerebbe eseguire dei saggi per verificare, nel caso di pareti ortogonali, se le dimensioni delle pietre o dei mattoni siano disposti alternati lungo l'altezza della parete e siano inseriti in modo da interessare tutto lo spessore murario e non solo una sua parte.

Infatti, spesso le murature portanti sono costituite da due

paramenti affiancati con o senza interspazio (riempito con materiale di scarto, con terra, con pietre di piccolo diametro ecc.) e la parete trasversale, o il solaio, potrebbe interessare solo una delle due parti rendendo inefficace il collegamento muratura-muratura o muratura-solaio.

Le Figure 4.11 indicano l'inefficienza dei collegamenti. È palese la difficoltà che potresti incontrare nel verificare tali ammorsamenti. Soprattutto se il fabbricato risulta intonacato. Esiste sempre la possibilità di ottemperare a vista a tali importanti verifiche.

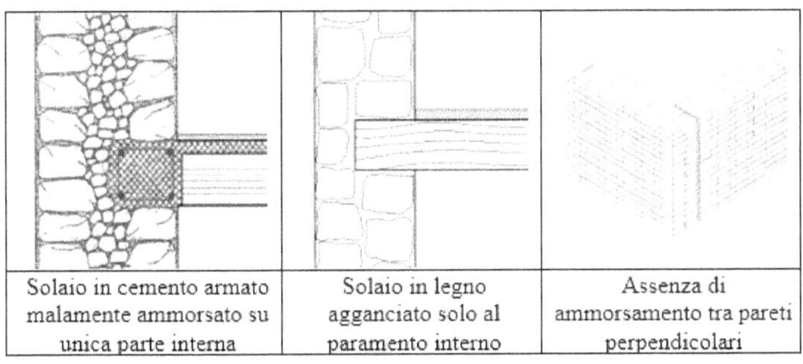

Figura 4.11 – Analisi degli ammorsamenti di solai e pareti.

Le foto che seguono riportano esempi di cattivi ammorsamenti e possono essere per te molto significative nell'accertare un buon grado di aggancio tra pareti perpendicolari.

Foto 4.7 – Scarso ammorsamento angolata	Foto 4.8 – Lesione cantonale	Foto 4.9 – Lesione testimoniante distacco pareti ortogonali

Quando il fabbricato è intonacato stai pur certo che in corrispondenza degli scollamenti, seppur piccoli, noterai lesioni verticali in corrispondenza di incroci murari.

Foto 4.10 – Dissesto muratura di facciata chiesa	Foto 4.11 – Cantonale mattoni pieni	Foto 4.12 – Lesione muratura facciata

In questa sezione possiamo inserire, come dicevo, anche l'ammorsamento dei solai in corrispondenza delle murature di appoggio. Possono comparire lesioni ai solai o alle volte allorquando questi siano piuttosto flessibili e poco rigidi.

Per scoprire questo aspetto basta fare un saltello nella parte centrale del solaio o della volta. La rigidezza del solaio verrà immediatamente comunicata al tuo corpo attraverso vibrazioni. Ti accorgerai, anche se non hai esperienza, se quanto hai sotto i tuoi piedi presenta o meno rigidezza opportuna.

Ritornando al discorso della scatolarità, è bene notare se il tuo fabbricato presenta all'esterno delle catene o dei capichiave. Tali catene, sotto consegnate, sono importantissime a evitare il ribaltamento fuori piano delle pareti di facciata.

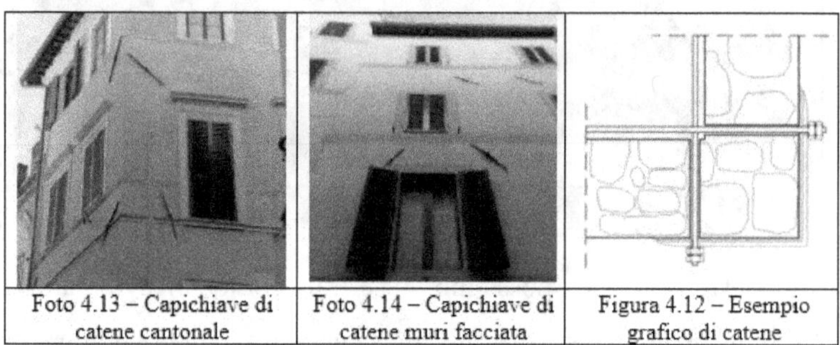

Foto 4.13 – Capichiave di catene cantonale	Foto 4.14 – Capichiave di catene muri facciata	Figura 4.12 – Esempio grafico di catene

Ci sarebbe molto da dilungarsi sull'efficacia e sul dimensionamento delle catene. Ovviamente non credo che sia questa la sede opportuna per farlo. La cosa importante è accertarsi della loro presenza e posizione (meglio se inserite su ogni solaio).

La Foto 4.13 evidenzia due importanti aspetti. Per essere efficaci le catene dovrebbero essere state inserite in entrambe le direzioni ortogonali e disposte a 45 gradi, questo per cantonali.

Ultimo punto di questo lungo paragrafo è l'accertamento della presenza di architravi ben ammorsati nelle murature. L'architrave o piattabanda è la struttura orizzontale posta nella parte alta della finestra. Le mazzette sono le strutture verticali di contorno della finestra. Come ben evidenziato dalla Foto 4.13 di seguito riportata.

Figura 4.13 – Architravi (orizzontali) e mazzette (verticali).

A questo punto occorre riassumere quali sono i punti da verificare nel tuo fabbricato al fine di procedere alla redazione dell'Etichetta Soglia Attenzione sismica, relativamente al comportamento scatolare:

* Ammorsamento dei muri maestri

- Presenza di tiranti efficaci

- Architravi ammorsati nelle murature

- Solai rigidi e ammorsamento tra pareti e solai.

La relativa tabella, con indicati i relativi gradi di regolarità, per ognuna delle indicazioni necessarie a definire il comportamento scatolare di un fabbricato è:

Comportamento Scatolare	Non Regolare	Parzialmente Regolare	Regolare
Ammorsamento Muri Maestri			
Ammorsamento Solai nei Muri			
Ammorsamento Architravi			
Rigidezza Solai e Volte			
Presenza di Tiranti Efficaci			

4.4.9. Distanza tra pareti portanti inferiore a 5 metri.

Il requisito è semplice e chiaro. Le pareti portanti è bene che siano a una distanza, in pianta, non superiore a 5 metri l'una dall'altra. In questo caso il requisito può essere o meno verificato, non ci sono vie di mezzo. La solita tabella diventa:

Distanza tra Muri Maestri	Non Regolare		Regolare
$\leq 5\,m$			

4.4.10. Aperture e nicchie poste ad almeno 1 metro da angolate e altre pareti portanti.

Principio importante a garantire danni ingenti ai muri maestri con conseguenze portanti al collasso soprattutto in caso di sisma.

In figura sono indicate le condizioni da verificare al fine di compilare la tabella seguente.

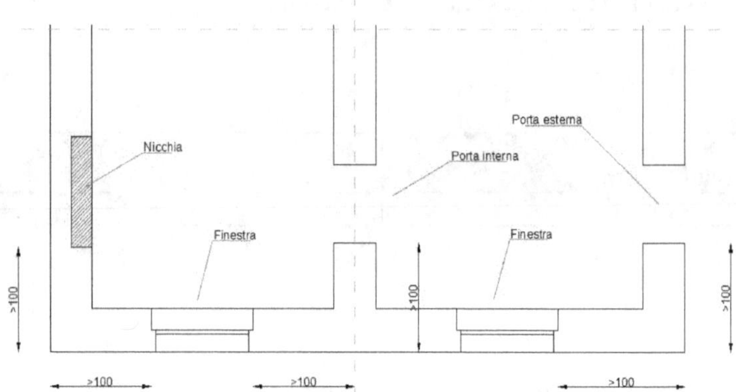

Figura 4.14 – Condizioni da rispettare per le aperture.

Aperture interne-esterne	Non Regolare	Parzialmente Regolare	Regolare
N.ro % Aperture	10%	50%	100%

4.4.11. Interazione terreno struttura.

L'interazione terreno/struttura è il principio fondamentale su cui si basano le moderne conoscenze di durabilità strutturale. Un fabbricato costruito su un suolo non idoneo, con fondazioni non coerenti con le caratteristiche fisiche del terreno, può addivenire a grossi problemi di stabilità con il passare della vita utile.

Il principio che valutiamo in questo paragrafo rappresenta una sintetica valutazione sia della posizione dell'edificio, in relazione al terreno della zona, sia delle fondazioni, relazionate al suolo alle eventuali differenze di quota tra monte e valle.

Si vuole valutare la risposta dell'edificio, soprattutto sotto sisma e con indagine a vista, in funzione del tipo di terreno e delle fondazioni.

I parametri da analizzare sono i seguenti:

- Pendenza del terreno su cui poggia il fabbricato
- Consistenza del suolo
- Quota delle fondazioni.

La tabella da compilare è la seguente:

Interazione Terreno/Struttura	Non Regolare	Parzialmente Regolare	Regolare
Pendenza del Suolo	$p > 30\%$	$10 < p \leq 30$	$p \leq 10\%$
Consistenza Terreno	Sabbioso	Argilloso	Roccioso
Quota Fondazioni	Variazione >1m	Variazione di 1 m	Unica

Unico doveroso commento è sulla quota delle fondazioni. Esse possono presentarsi su un'unica quota, tutte complanari, o possono presentarsi a quote diverse, sfalsate (ad esempio) in funzione del profilo del suolo a monte e a valle dello stesso fabbricato.

4.5. Step 4: Costruzione Etichetta Soglia Attenzione sismica.
A questo punto non ci resta che assemblare tutti i risultati ottenuti durante le fasi precedenti. La tabella finale è la seguente.

Città	Zona 1 e 2	Zona 3	Zona 4
Castel Gandolfo	2B		
Tipologia muraria	Categoria C	Categoria B	Categoria A
Pietrame			
Fabbricato del	Categoria C	Categoria B	Categoria A
Fino al 19.12.1987	Norme solo per cemento e acciaio		
19.12.1987 a 22.10.2005		D.M. LL.PP. 20.11.1987	
23.10.2005 a 30.06.2009			NTC 2005 D.M. 14.09.2005
01.07.2009 a 21.03.2018			NTC 2008 D.M. 14.01.2008
22.03.2018 a oggi			NTC 2018 D.M. 17.01.2018
Regolarità in Pianta	NON Regolare		Regolare
$\dfrac{h}{b}$ e $\dfrac{s}{b}$	$\dfrac{h}{b} < 80\%$ $\dfrac{s}{b} > 10\%$		$\dfrac{h}{b} \geq 80\%$ $\dfrac{s}{b} \leq 10\%$
Regolarità Elevazione	NON Regolare		Regolare
	$\dfrac{S_{Por}}{S_{Tot}} > 10\%$ $\dfrac{S_{PianoSup}}{S_{PianoInf}} > 10\%$		$\dfrac{S_{Por}}{S_{Tot}} \leq 10\%$ $\dfrac{S_{PianoSup}}{S_{PianoInf}} \leq 10\%$

Allineamento Aperture	Non Regolare	Parzialmente Regolare	Regolare
Numero % muri	10%	50%	100%
Snellezza delle Murature ≤ 12	Non Regolare	Parzialmente Regolare	Regolare
Numero % muri	10%	50%	100%
Interpiani inferiori a 5m	Non Regolare	Parzialmente Regolare	Regolare
N.ro % interpiani	10%	50%	100%
Copertura	Spingente	Parzialmente Spingente	Non Spingente
Comportamento Scatolare	Non Regolare	Parzialmente Regolare	Regolare
Ammorsamento Muri Maestri			
Ammorsamento Solai nei Muri			
Ammorsamento Architravi			
Rigidezza Solai e Volte			
Presenza di Tiranti Efficaci			
Distanza tra Muri Maestri	Non Regolare		Regolare
≤ 5 m			
Aperture interne-esterne	Non Regolare	Parzialmente Regolare	Regolare
N.ro % Aperture	10%	50%	100%
Interazione Terreno/Struttura	Non Regolare	Parzialmente Regolare	Regolare
Pendenza del Suolo	$p > 30\%$	$10 < p \leq 30$	$p \leq 10\%$
Consistenza Terreno	Sabbioso	Argilloso	Roccioso
Quota Fondazioni	Variazione >1m	Variazione di 1 m	Unica

Si conteggia la totalità delle risposte per colore:

TOTALE	9	4	7

Alla fine di ogni capitolo avrai notato la possibilità di scaricare sul sito www.calcolostrutture.com un tool in formato excel, molto semplice ed intuitivo, che ti dà la possibilità, anche se non sei del comparto edile, di auto-valutare la sicurezza statica e sismica del fabbricato in cui vivi o di qualunque altro immobile.

L'approccio in tale Percorso Guidato è leggermente più articolato nella definizione della Etichetta. Infatti, la costruzione della Etichetta Soglia Attenzione non scaturisce dalla semplice somma delle celle di colore Rosso, Giallo o Verde. La somma è di natura "pesata", nel senso che ogni parametro definito in questo capitolo ha una determinata importanza rispetto agli altri. In pratica è stato assegnato ad ogni Indice di definizione della Etichetta un peso pari ad 1, 2 o 3. Quindi, la somma diventa pesata in funzione dell'importanza assegnata a quel particolare indice di definizione.

Scarica il programma in excel per meglio intuire quanto asserito.

Tralasciando il discorso sulla somma pesata di cui sopra, ma attennendoci alla sola somma algebrica del numero delle varie celle con lo stesso colore, l'Etichetta Soglia Attenzione Strutturale diventa la seguente, di colore rosso.

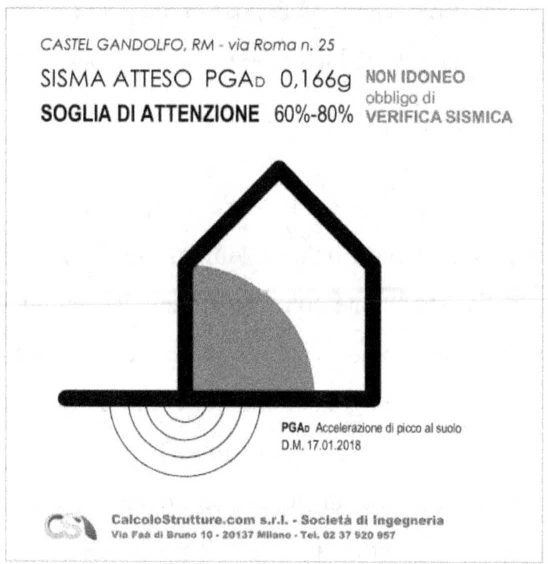

Figura 4.15 – Etichetta Soglia Attenzione sismica.

RIEPILOGO DEL CAPITOLO 4

- SEGRETO n. 1: puoi trovare tu stesso la sismicità della zona in cui vivi.

- SEGRETO n. 2: hai verificato la possibilità di determinare regolarità delle murature costituenti il tuo immobile come l'allineamento delle aperture, la snellezza, l'interpiano e la distanza tra di esse.

- SEGRETO n. 3: le coperture sono responsabili della maggior parte dei crolli di edifici in muratura in zona sismica. Hai scoperto come valutare se un tetto è spingente o meno.

- SEGRETO n. 4: la scatolarità è il principale requisito di fabbricati in muratura in zona sismica.

- SEGRETO n. 5: adesso ti è noto il concetto di 1 metro per aperture e nicchie.

- SEGRETO n. 6: un fabbricato posto su un versante molto inclinato subirà delle azioni sismiche più importanti.

- SEGRETO n. 7: l'Etichetta Soglia Attenzione ti aiuterà a negoziare il costo di acquisto o vendita del tuo immobile.

Spero vivamente che quanto scritto, sinora, possa esserti stato utile. Se hai delle perplessità o dei dubbi, puoi contattarmi direttamente alla seguente mail: g.albano@calcolostrutture.com.

Clicca su www.calcolostrutture.com/guida per scaricare il primo percorso guidato scritto in excel per auto-valutare la sicurezza dell'immobile in cui vivi anche se non sei del settore.

Lascia una recensione su Amazon in modo che il libro possa essere utile ad altre persone.

SPECIALISTI IN ANTISISMICA PER PROFESSIONISTI

Via Faà di Bruno 10 20137 MILANO
tel. 02 37 920 957
www.calcolostrutture.com
info@calcolostrutture.com

Capitolo 5
Come usare gli incentivi statali

5.1. Premessa.

Il Sisma Bonus è stato introdotto dalla Legge di Bilancio 2017 e consiste in detrazioni fiscali per lavori, aventi lo scopo di ridurre il Rischio sismico, eseguiti dal 1° gennaio 2017 al 31 dicembre 2021.

Tutti gli immobili devono ricadere in zona sismica, secondo quanto stabilito dall'Ordinanza 3274/2003:

- Zona 1
- Zona 2
- Zona 3

In pratica, l'agevolazione vale quasi per tutto il territorio italiano. Dalla dichiarazione dei redditi sarà possibile detrarre una percentuale variabile dal 50 fino all'85% secondo le varie tipologie di interventi previsti su un tetto massimo di € 96.000.

La detrazione fiscale si applica in percentuale sui costi sostenuti per l'esecuzione dei lavori edilizi antisismici su abitazioni residenziali e immobili terziari. I lavori dovranno essere stati autorizzati dopo il 1° gennaio 2017.

5.2 Per quali immobili.

Le agevolazioni fiscali si applicheranno sulle seguenti costruzioni:

- Fabbricati adibiti a civile abitazione, sia prima che seconda casa.
- Parti comuni di interi condomini.
- Fabbricati terziari adibiti ad attività produttive.

Come già accennato, gli immobili dovranno trovarsi in una zona di rischio sismico. Tali zone sono state individuate dall'ordinanza del presidente del Consiglio dei ministri del 20 marzo 2003 e si distinguono in zona 1, zona 2 e zona 3.

Per sapere in quale zona si troverà il Comune per il quale si vorranno utilizzare le agevolazioni fiscali, Sisma Bonus, basta consultare il sito della Protezione civile e ricercare la Classificazione sismica 2015 per Comune aggiornata al marzo del 2015 o, semplicemente, cliccare qui.

Demolizione e ricostruzione di edifici

Gli interventi consistenti nella demolizione e ricostruzione di edifici adibiti ad abitazioni private o ad attività produttive sono ammessi alle maggiori detrazioni previste per gli interventi antisismici qualora concretizzino un intervento di ristrutturazione edilizia e non un intervento di nuova costruzione e se rispettano tutte le condizioni previste dalla norma agevolativa (art. 16 del decreto-legge n. 63/2013).

Per avere la detrazione è necessario, pertanto, che dal titolo amministrativo che autorizza i lavori risulti che l'opera consista in un intervento di conservazione del patrimonio edilizio esistente e non in un intervento di nuova costruzione (risoluzione n. 34/E del 27 aprile 2018).

5.3. Per quali spese.

Il credito di imposta sarà usufruibile per le seguenti spese:

- Tutte le opere necessarie per sicurezza antisismica.
- Parcelle professionali per la valutazione della Classe di Rischio sismico.
- Parcelle professionali per verifica sismica delle costruzioni.

5.4. Quanto si può detrarre.

La detrazione di base, da indicare sempre nella dichiarazione dei redditi, è pari al 50% della spesa sostenuta. La percentuale di detrazione totale aumenta con la riduzione del rischio sismico.

La figura che segue sintetizza le 8 classi di rischio sismico previste dal Decreto del ministero delle Infrastrutture dei Trasporti del 28 febbraio 2017.

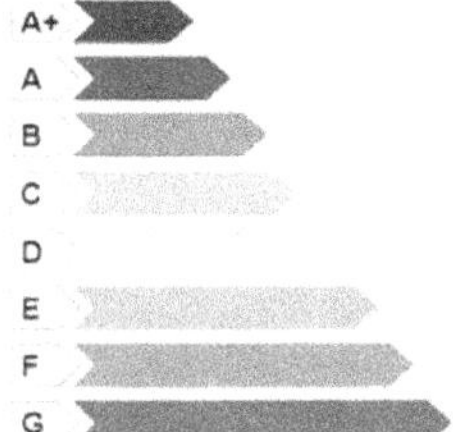

Figura 5.1 – Le 8 classi di rischio sismico.

In pratica, esattamente come le classi energetiche, la riduzione del rischio sismico è valutata sulla base di una scala di 8 classi, da A+ (meno rischio sismico) a G (più rischio sismico).

L'agevolazione fiscale viene ripartita in 5 anni, in uguali quote, dall'anno in cui sono stati pagati i fornitori e ammonta come da tabella seguente:

Detrazione fiscale pari al	Obiettivo degli interventi antisismici	Detrazione calcolata su massimo 96 mila euro per ciascun anno
70%	Passaggio di 1 Classe di Rischio inferiore	Abitazioni e Attività Produttive: per ogni unità immobiliare
80%	Passaggio di 2 Classi di Rischio inferiore	
75%	Passaggio di 1 Classe di Rischio inferiore	Parti comuni di edifici condominiali: per ogni unità immobiliare
85%	Passaggio di 2 Classi di Rischio inferiore	

Per rendere più agevole la lettura della tabella si aggiunge quanto segue. La detrazione fiscale è ripartita in 5 anni in quote uguali, a partire dall'anno in cui sono stati pagati gli interventi, e:

- Nel caso di abitazioni ed edifici utilizzati per attività produttive, è calcolata su una spesa massima di 96.000 euro per unità immobiliare e per ciascun anno e arriva al:
  - 70% se si passa a 1 classe di rischio inferiore
  - 80% se si passa a 2 o più classi di rischio inferiori.
- Nel caso di parti comuni dei condomini è calcolata su una spesa massima di 96.000 euro moltiplicato per il numero di unità immobiliari che compongono il condominio e arriva al:
  - 75% se si passa a 1 classe di rischio inferiore
  - 85% se si passa a 2 o più classi di rischio inferiori.

5.5. A chi spetta la detrazione.
Possono usufruire dell'agevolazione fiscale sia i contribuenti assoggettati all'imposta sul reddito delle persone fisiche (Irpef) sia i soggetti passivi Ires.

- Proprietari o nudi proprietari
- Titolari di un diritto di godimento del bene, come usufrutto, uso, abitazione
- Locatori o comodatari
- Soci di cooperative
- Imprenditori individuali
- Società semplici, in nome collettivo, in accomandita semplice, imprese familiari
- Familiare convivente del possessore o del detentore dell'immobile.

Una particolarità è che può richiedere l'agevolazione anche chi esegue in proprio i lavori sull'immobile limitatamente alle spese di acquisto dei materiali utilizzati.

"Il sisma bonus si applica anche per gli interventi antisismici eseguiti su immobili residenziali e a destinazione produttiva posseduti da società non utilizzati direttamente ma destinati alla locazione (risoluzione n. 22/E del 12 marzo 2018).

Con l'entrata in vigore del decreto-legge n. 34/2019 (articolo 10, comma 2), per gli interventi di adozione di misure antisismiche è stata prevista la possibilità di optare, invece che per la detrazione, per un contributo di pari ammontare sotto forma di sconto sul corrispettivo dovuto, anticipato dal fornitore che ha effettuato gli interventi.

A quest'ultimo verrà rimborsato sotto forma di credito d'imposta da utilizzare esclusivamente in compensazione in 5 quote annuali di pari importo.

Il fornitore che ha effettuato gli interventi ha, a sua volta, la facoltà di cedere il credito d'imposta ai suoi fornitori di beni e servizi. Sono escluse ulteriori cessioni da parte di questi ultimi. Non è possibile, tuttavia, cedere il credito a istituti di credito e a intermediari finanziari.

Con il provvedimento del direttore dell'Agenzia delle Entrate del 31 luglio 2019 sono state definite le modalità attuative di questa nuova disposizione".

5.6. Sisma Bonus ed Eco Bonus.

Sono state introdotte con la legge di bilancio 2018 nuove detrazioni se si eseguono lavori su parti comuni di edifici condominiali ricadenti in zone sismiche 1, 2 e 3. I lavori dovranno essere finalizzati tanto alla riduzione del rischio sismico quanto alla riqualificazione energetica.

In questi casi, dal 2018 si potrà avere una detrazione pari:

- all'80%, se i lavori determinano il passaggio a una classe di rischio inferiore;
- all'85%, se gli interventi determinano il passaggio a due classi di rischio inferiori.

La detrazione andrà ripartita questa volta in 10 quote annuali su un ammontare delle spese pari a 136.000 euro, moltiplicato il numero delle unità immobiliari di ogni edificio.

"Queste detrazioni possono essere richieste in alternativa a quelle già previste per gli interventi antisismici sulle parti condominiali precedentemente indicate (75 o 85% su un ammontare non superiore a 96.000 euro moltiplicato per il numero delle unità immobiliari di ciascun edificio) e a quelle già previste per la riqualificazione energetica degli edifici condominiali (pari al 70 o 75% su un ammontare complessivo non superiore a 40.000 euro moltiplicato per il numero delle unità immobiliari che compongono l'edificio).".

5.7. A chi affidate la valutazione del rischio.

La valutazione del Rischio sismico e quindi la determinazione della Classe di rischio, nella situazione di fatto e nella situazione di progetto *post operam*, è una fase molto delicata di tutta la scena della procedura Sisma Bonus.

Il D.M. del 28.02.2017 stabilisce che i professionisti incaricati dovranno occuparsi della progettazione strutturale, direzione lavori delle strutture e collaudo statico, secondo le rispettive competenze professionali e dovranno essere iscritti nei relativi Ordini o Collegi professionali di appartenenza. In particolare, il progettista delle strutture dovrà attestare la classe di rischio sismico del fabbricato in oggetto firmando un apposito modulo di asseverazione sia prima sia dopo gli interventi prospettati. Alla fine dei lavori il direttore dei lavori e il collaudatore dovranno, in aggiunta ai propri compiti e alle responsabilità, attestare se sono stati raggiunti gli obiettivi indicati nel progetto.

5.8. Quadro riassuntivo.

Sempre al fine di rendere il più chiaro possibile l'intero discorso, si riportano tabelle riassuntive esaustive redatte dall'Agenzia delle Entrate. In Tabella 5.2 sono indicate le detrazioni ottenibili in caso di acquisto di unità immobiliari antisismiche.

LE DETRAZIONI IRPEF E IRES PER GLI INTERVENTI ANTISISMICI (spese sostenute dal 1° gennaio 2017 al 31 dicembre 2021)		
PERCENTUALI di detrazione	50%	70%, per le singole unità immobiliari, se si passa a **una** classe di rischio inferiore 75%, per gli edifici condominiali, se si passa a una classe di rischio inferiore	80%, per le singole unità immobiliari, se si passa a **due** classi di rischio inferiore 85%, per gli edifici condominiali, se si passa a **due classi** di rischio inferiori
IMPORTO MASSIMO delle spese	96.000 euro per unità immobiliare per ciascun anno 96.000 euro moltiplicato per il numero delle unità immobiliari di ciascun edificio, per gli interventi sulle parti comuni di edifici condominiali		
RIPARTIZIONE della detrazione	5 quote annuali		
IMMOBILI INTERESSATI	qualsiasi immobile a uso abitativo (non solo l'abitazione principale) e immobili adibiti ad attività produttive l'immobile deve trovarsi in una delle **zone sismiche 1, 2 e 3**		

Tabella 5.1 – Detrazioni Irpef e Ires per interventi antisismici.

LA DETRAZIONE PER L'ACQUISTO DI UN'UNITÀ IMMOBILIARE ANTISISMICA (in vigore dal 2017)	
PERCENTUALI di detrazione	75% del prezzo di acquisto (se si passa a una classe di rischio inferiore)
	85% del prezzo di acquisto (se si passa a due classi di rischio inferiori)
IMPORTO MASSIMO su cui calcolare la detrazione	96.000 euro per ogni unità immobiliare
RIPARTIZIONE della detrazione	5 quote annuali
LE CONDIZIONI	• gli immobili interessati sono quelli che si trovano nei Comuni ricadenti in una zona classificata "a rischio sismico 1" (anche "2" e "3", a seguito della disposizione introdotta dal DI n. 34/2019) • devono far parte di edifici demoliti e ricostruiti per ridurre il rischio sismico, anche con variazione volumetrica rispetto al vecchio edificio • i lavori devono essere stati effettuati da imprese di costruzione e ristrutturazione immobiliare che entro 18 mesi dal termine dei lavori vendono l'immobile

Tabella 5.2 – Detrazioni per l'acquisto di unità immobiliare antisismica.

RIEPILOGO DEL CAPITOLO 5

- SEGRETO n. 1: qualunque opera necessaria per realizzare interventi antisismici è soggetta a incentivazione fiscale fino all'85% del totale costi.

- SEGRETO n. 2: gli interventi possono essere eseguiti su tutti gli immobili di tipo abitativo e per attività produttive.

- SEGRETO n. 3: rientrano tra le spese detraibili col Sisma Bonus anche quelle effettuate per la definizione della classificazione sismica e per la verifica sismica.

- SEGRETO n. 4: le detrazioni per interventi antisismici possono essere applicate anche alle spese di manutenzione ordinaria (tinteggiature, intonacature, pavimenti) e straordinaria.

- SEGRETO n. 5: qualora non fossi capiente, cioè non ti serve il credito di imposta derivante dal Sisma Bonus, puoi cedere gli incentivi al fornitore (o a strutture appositamente create) o chiedere lo sconto immediato sull'importo lavori.

Spero vivamente che quanto scritto possa esserti stato utile. Se hai delle perplessità o dei dubbi, puoi contattarmi direttamente alla seguente mail: g.albano@calcolostrutture.com.

Clicca su www.calcolostrutture.com/guida per scaricare il primo percorso guidato scritto in excel per auto-valutare la sicurezza dell'immobile in cui vivi anche se non sei del settore.

Lascia una recensione su Amazon in modo che il libro possa essere utile ad altre persone.

SPECIALISTI IN ANTISISMICA PER PROFESSIONISTI

Via Faà di Bruno 10 20137 MILANO
tel. 02 37 920 957
www.calcolostrutture.com
info@calcolostrutture.com

Conclusione

Sono veramente contento che tu sia giunto sino alla fine della lettura della presente mia quarantasettesima pubblicazione.

Questo lavoro è stato particolarmente complicato in quanto sono stato costretto a sintetizzare concetti molto complessi al fine di renderli comprensibili a chiunque e non solo a ingegneri, architetti o geometri.

Credo che questo sia il primo lavoro in assoluto che un autore tecnico abbia messo a disposizione di tutta la popolazione.

Nella mia professione ho notato più e più volte la presunzione professionale di chi crede che l'ingegneria strutturale sia solo appannaggio di ingegneri. Invero, tutti dovrebbero avere conoscenze, anche superficiali, relativamente al comportamento strutturale e ai principali concetti di ingegneria sismica.

Esattamente come nel comparto medico. Ad esempio, tutti oramai sappiamo che i carboidrati non sono la nostra primaria fonte di energia cellulare.

La nostra benzina è rappresentata dalle proteine, tanto è vero che la nostra biologia dell'alimentazione non può essere cambiata nell'arco di 5.000 o 10.000 anni. Oggi siamo come eravamo allora e dovremmo funzionare a proteine e non a zuccheri semplici o composti (carboidrati).

Stessa cosa vale per il comparto strutturale. Ogni fabbricato deve avere, ad esempio, spiccata regolarità in pianta e in elevazione, deve essere poco massiccio e possedere un comportamento strutturale scatolare.

Spero sinceramente di esserti stato utile e di averti trasferito conoscenze e consapevolezza sul rischio strutturale.

Come avrai capito, più e più volte ho cercato la via per divulgare il mio pensiero e la mia passione per l'ingegneria strutturale applicata.

Se dovessi aver bisogno di me o del mio team, non esitare a contattarci via mail o via telefono.

Grazie del tuo contributo e a presto.
Milano, settembre 2019

Dott. Ing. Giuseppe Albano

SPECIALISTI IN ANTISISMICA PER PROFESSIONISTI

Via Faà di Bruno 10 20137 MILANO
tel. 02 37 920 957
www.calcolostrutture.com
info@calcolostrutture.com